黑龙江建筑职业技术学院
国家示范性高职院校建设项目成果

国家示范性高职院校工学结合系列教材

建筑装饰材料识别与选购

（建筑装饰工程技术专业）

安素琴　主编
尹颜丽　彭　菲　副主编
李晓嵩　王华欣　主审

中国建筑工业出版社

图书在版编目（CIP）数据

建筑装饰材料识别与选购/安素琴主编．—北京：中国建筑工业出版社，2010

国家示范性高职院校工学结合系列教材（建筑装饰工程技术专业）

ISBN 978-7-112-11884-7

Ⅰ.建… Ⅱ.安… Ⅲ.建筑材料：装饰材料-高等学校：技术学校-教材 Ⅳ.TU56

中国版本图书馆CIP数据核字（2010）第037196号

国家示范性高职院校工学结合系列教材

建筑装饰材料识别与选购

（建筑装饰工程技术专业）

安素琴 主编

尹颜丽 彭 菲 副主编

李晓嵩 王华欣 主审

*

中国建筑工业出版社出版、发行（北京西郊百万庄）

各地新华书店、建筑书店经销

北京嘉泰利德公司制版

北京建筑工业印刷厂印刷

*

开本：787×1092毫米 1/16 印张：9¾ 字数：252千字

2010年8月第一版 2013年5月第三次印刷

定价：**22.00**元

ISBN 978-7-112-11884-7

(19141)

本书是按高职高专建筑装饰工程技术专业的工学结合教学基本要求编写的，特点是将建筑装饰材料与装饰施工紧密联系在一起，并全部采用最新标准和规范。

本书共分3篇：基础知识篇，工程项目篇，卫生洁具、灯具、装饰五金配件及辅料应用篇。其中基础知识篇包括装饰材料的分类常识、装饰材料的技术常识、装饰材料的物理性常识、装饰材料的选用常识、装饰材料的环保性能及可持续发展；项目工程篇包括家居装修材料和公共空间装修材料的识别与选购案例，包括了顶棚、墙面、地面及其他部位常用材料的识别与选购；同时也讲述了隐蔽工程所用材料及卫生洁具、灯具、装饰五金配件等材料的应用；最后又编写了相关的习题集。

本书适用于高职高专建筑装饰工程专业以及相关专业的教学，同时也可以作为相关人员的培训教材。

*　*　*

责任编辑：朱首明　杨虹
责任设计：张　虹
责任校对：兰曼利　赵颖

前　言

本书是根据示范院校核心课程教学改革，创新职业技术人才培养模式课程改革要求编写的。课程建设的主要任务离不开教材的改革。如何把过去的教学体系转换为工学结合体系是高职教育的当务之急。学科式的教学方式是以教师为主题，讲课为灌输式的一言堂，理论与实践分隔，而通过教材改革后，教学的形式变为以学生为主体，突出实践教学，理论实践一体化，渗透专业知识，提高专业技能。

作为高职院校的学生必须以技能为主，所以通过《装饰材料识别与选购》课程的学习，应该让学生了解和掌握选购和识别的方法及技能。

设计的对象是材料，体现装饰效果的途径还是材料，商家及装饰公司的利润也是来源于材料的选用。所以全面的了解各种装饰材料从选购到应用的知识才能使我们刚毕业的学生及消费者立于不败之地。至于材料的价格和品质，最多比较三家就可以得出结论。高档品牌材料有很多品牌附加值而中档和低档装饰材料的价位才能被大多数消费者接受。在一项完成的装饰工程中，高档材料可以占 10% ~ 20%，主要用在灯具、洁具和五金配件上，增显装修品位，中档材料可以占 30% ~ 40% 覆盖使用频率多的部位，例如地板、家具、门窗等。余下的 40% ~ 50% 可以选用中低价位的材料，例如吊顶、隔墙、瓷砖等。中低价位的材料没有品牌附加值，在使用中与人体的接触也不多，材料厚实坚固，可以大幅度降低装修成本。

《装饰材料识别与选购》这本教材是以项目为载体贯穿工学结合，目标是培养合格的工程项目管理人才及材料员，使其具备专业能力、技术能力、综合能力。

更多的学生对自己今后的工作收入感兴趣，毕业后能否把我们在校学的知识与技能应用到社会中，我们应该坚信，只要我们严谨的对待这个行业，一丝不苟的完成施工任务，必定收到满意的报酬。

随着建筑业的不断发展，装饰材料在不断的更新换代，例如隔墙，最初是板砖水泥砌筑，后来是木龙骨框架，胶合板钉接，现在是轻钢龙骨，自攻螺钉钉接石膏板。将来还会采用成品的钢丝网架夹芯复合板，今后的装饰材料会向成品化、模块化、环保化及可持续发展的方向提高。

为完成《建筑装饰材料识别与选购》工学结合教材的编写工作，专门成立了建筑装饰工程技术专业《建筑装饰材料识别与选购》工学结合教材编写组。该编写组由黑龙江建筑职业技术学院环境艺术学院建筑装饰工程技术专业教学团队组成，其成员如下：安素琴、彭菲、尹颜丽、张鸿勋、陶然。

全书分为五篇，每种材料是按施工的建筑部位列出的。基础知识篇、常用装饰材料识别与选购中的顶棚工程、项目工程案例展示篇，由安素琴编写；常用装饰材料识别与选购篇中的墙面工程及地面工程，由尹颜丽编写；厨卫洁具灯具装饰五金配件、辅料应用篇及习题集，由彭菲编写。书中的插图由张鸿勋和陶然描绘。

本书主审由黑龙江建筑职业技术学院设计院李晓嵩高级工程师及黑龙江高技装饰公司王华欣高级工程师担任。

本书由于时间仓促，在编写的过程中难免会出现错误，在此请读者给予理解，同时非常感谢同行业的技术精英无私地提供一些资料。

安素琴

2009 年 5 月 16 日于哈尔滨

目　录

第一篇　基础知识篇

基础知识一　装饰材料的分类常识

现代装饰材料的发展迅猛，种类繁多，更新换代很快。不同的装饰材料有不同的用途，性能也千差万别，装饰材料的分类方法很多，常见的分类有以下四种：

1. 按材料的材质性能分类

（1）有机高分子材料：包括人造板材（图 1–1–1）、塑料、有机涂料等。

图 1–1–1　人造板材

（2）无机非金属材料：包括玻璃、花岗石、大理石、瓷砖（图 1–1–2）、水泥等。

大理石
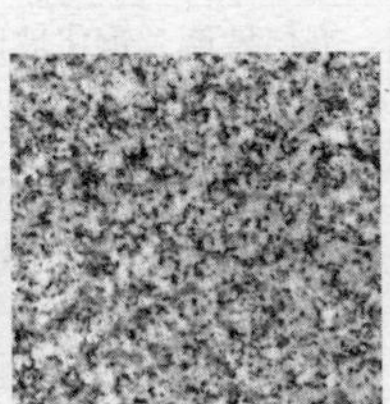
花岗石

墙面砖

陶瓷锦砖

图 1–1–2　无机非金属材料

（3）金属材料：包括铝合金、不锈钢、彩色不锈钢（图 1–1–3）、铜制品等。

（4）复合材料：包括人造大理石、彩色涂层钢板、铝塑板等。

图 1–1–3　金属材料

2. 按材料的燃烧性分类

(1) A级材料：具有不燃性，在空气中遇到火或在高温作用下不燃烧的材料，如：花岗岩、大理石、玻璃、石膏板、钢、铜、瓷砖等。

(2) B1级材料：具有很难燃烧性，在空气中受到明火燃烧或高温热作用时难起火、难微燃、难碳化，当火源移走后，燃烧或微燃烧立即停止的材料，如：装饰防火板、阻燃墙纸、纸面石膏板、矿棉吸声板等。

(3) B2级材料：具有可燃性，在空气中受到火烧或高温作用时立即起火或微燃，将火源移走后仍继续燃烧的材料，如：木芯板、胶合板、木地板、地毯、墙纸等。

(4) B3级材料：具有易燃性，在空气中受到火烧或高温作用时迅速燃烧，将火源移走后仍继续燃烧，如：油漆、纤维织物等。

3. 按材料的使用部位分类

见表1-1-1。

按材料使用部位分类　　表1-1-1

部位	种类	材料名称
外墙装饰材料	石质材料	天然花岗石大理石、青石板 、文化石、 人造石材
	陶瓷制品	陶瓷釉面砖、通体砖、抛光砖、玻化砖、仿古砖、陶瓷马赛克
	玻璃制品	幕墙玻璃、吸热玻璃、中空玻璃、玻璃马赛克
	水泥制品	水泥、白水泥、彩色水泥、装饰混凝土
	金属材料	铝合金、钛合金、不锈钢、铜、铁、彩色涂层钢板
	外墙涂料	外墙乳胶漆、石质漆
内墙装饰材料	石质材料	天然花岗石、大理石、青石板、文化石、人造石材
	陶瓷制品	陶瓷釉面砖、通体砖、抛光砖、玻化砖、仿古砖、陶瓷锦砖
	玻璃制品	平板玻璃、磨砂玻璃、压花玻璃、夹层玻璃、钢化玻璃、中空玻璃、雕花玻璃、玻璃砖
	金属材料	铝合金、钛合金、不锈钢、铜 、铁、彩色涂层钢板
	装饰板材	微薄木装饰板材、装饰胶合板、金属装饰板、 复合板、石膏板、矿棉板、软木板、装饰吸声板
	内墙涂料	内墙乳胶漆、石质漆
	墙纸墙布	纸面壁纸、塑料壁纸、纺织壁纸、天然壁纸、静电植绒壁纸、金属膜壁纸、人造皮革
地面装饰材料	石质材料	天然花岗石、大理石、青石板、文化石、人造石材
	木质地板	实木地板、实木复合地板、复合木地板、竹地板、软木地板
	塑料地板	塑料方块地板、塑料地面卷材、橡胶地板
	陶瓷地砖	陶瓷釉面砖、通体砖、抛光砖、玻化砖、仿古砖、陶瓷锦砖
	地毯	纯毛地毯、化纤地毯、混纺地毯、橡胶地毯、剑麻地毯
	地面涂料	地板漆、环氧树脂地坪、聚醋酸乙烯地坪
吊顶装饰材料	塑料吊顶材料	PVC吊顶扣板、塑钙板、有机玻璃板、聚苯乙烯装饰板
	木质吊顶材料	实木龙骨、木芯板、微薄木装饰板、装饰胶合板、吸声纤维板、实木装饰板
	金属吊顶材料	铝合金轻钢龙骨、铝合金吊顶扣板、不锈钢吊顶板
	玻璃吊顶材料	镜面玻璃、磨砂玻璃、压花玻璃、夹层玻璃、钢化玻璃、烤漆玻璃、雕花玻璃
	矿物装饰板	石膏装饰板、矿棉装饰板、珍珠岩装饰板、玻璃棉装饰板
	顶面涂料	乳胶漆、石质漆

4. 按材料的商品形式分类

见表 1–1–2。

按材料商品形式分类　　表 1–1–2

种类	材料名称
装饰石材	天然花岗石、天然大理石、人造石
陶瓷墙地砖	釉面砖、通体砖、抛光砖、玻化砖、仿古砖、陶瓷锦砖
骨架材料	木质骨架、轻钢骨架、合金骨架、型钢骨架、塑钢骨架
板材	木芯板、胶合板、薄木贴面板、纤维板、刨花板、人造装饰板、阳光板、吊顶扣板、有机玻璃板、泡沫塑料板、不锈钢装饰板、彩色涂层钢板、防火板、铝塑板、石膏板、矿棉装饰吸声板、水泥板、钢丝网架夹芯板
地板	实木地板、实木复合地板、强化复合木地板、竹木地板、塑料地板
壁纸	纸面壁纸、塑料壁纸、纺织壁纸、天然壁纸、静电植绒壁纸、金属膜壁纸、玻璃纤维壁纸、液体壁纸、特种壁纸
地毯	纯毛地毯、化纤地毯、混纺地毯、橡胶地毯、剑麻地毯
装饰玻璃	平板玻璃、磨砂玻璃、压花玻璃、雕花玻璃、彩釉玻璃、钢化玻璃、夹层玻璃、中空玻璃、玻璃砖
油漆涂料	清油、混油、清漆、调和漆、乳胶漆、真石漆、防锈漆、防火涂料、防水涂料、发光涂料、防霉涂料
装饰线条	木线条、塑料线条、金属线条、石膏线条
五金配件	钉子、拉手、门锁、铰链、滑轨、开关插座面板
管线材料	电线、铝塑复合管、金属软管、PP–R 管、PVC 管
胶凝材料	水泥、白乳胶、强力万能胶、801 胶水、硬质 PVC 塑料管胶粘剂、粉末壁纸胶、瓷砖胶粘剂、塑料地板胶粘剂、硅酮玻璃胶
装饰灯具	白炽灯、荧光灯、高压汞灯、氙气灯、LED 灯、霓虹灯
卫生洁具	面盆、蹲便器、坐便器、浴缸、淋浴房、水龙头、水槽
电气设备	浴霸、热水器、空调、抽油烟机、整体橱柜

基础知识二　装饰材料的技术常识

1. 色彩

色彩反映了材料的光学特征。材料表面的颜色与材料光谱的吸收以及观察者视觉对光谱的敏感性等因素有关。

2. 光泽

光泽也是材料表面的一种特性。它对形成于材料表面上的物体形象的清晰程度同样起着决定性的作用，在评定材料的外观时，其重要性仅次于颜色。

3. 透明性

透明性是指光线通过物体所表现的穿透程度，可以透视的物体是透明体，如普通玻璃、有机玻璃板等；可以透光但不透视的物体称为半透明体，如磨砂玻璃、透光云石等；不透光、不透视的物体为不透明体，如金属、木材等。

4. 花纹图案

在材料上制作出各种花纹图案也是为了增加材料的装饰性，在生产或加工材料同时，可以利用不同的工艺将材料的表面做成各种不同的表面组织，如粗糙或细致、光滑或凹凸、坚硬或疏松等；可以将材料的表面制作出各种花纹图案，如不锈钢表面的拉丝、圆圈等；也可以将材料本身拼镶成各种艺术造型，如拼花木门、拼花图案大理石等。

5. 形状和尺寸

不同的设计风格对大理石板材、地毯、玻璃等装饰材料的形状和尺寸都有特定的要求和规定。设计人员在进行装饰设计时，一般要考虑到人体尺寸的需要，改变装饰材料的形状和尺寸，并配合花纹、颜色、光泽等，可拼镶出各种线型和图案，最大限度地发挥材料的装饰性。

6. 质感

质感是材料的表面组织结构、花纹图案、颜色、光泽、透明性等给人的一种综合感觉。装饰材料软硬、粗细、凹凸、轻重、疏密、冷暖等组成了材料的质感的效果。

7. 使用性能

装饰材料还应具备一些基本的使用性能，如材料的耐污性、耐火性、耐水性、耐磨性、耐腐蚀性等，这些基本性能可保证其在长期的使用过程中历久弥新，保持其原有的装饰效果。

基础知识三　装饰材料的物理性常识

对装饰材料的掌握，主要掌握其性能和用途，同时还得依赖产品说明书提供各项性能指标。本节简要地介绍材料的技术性能，以便为探讨、研究、比较各种材料的性能奠定基础。

1. 密度

密度是指材料在绝对密实状态下单位体积的质量。绝对密实状态下的体积不包括任何空隙的体积。

2. 体积密度

体积密度是材料在自然状态下，单位体积内的质量。自然状态下的体积包括体积内的孔隙体积。材料的质量，一般应采用气干重量。材料经烘干至恒重后测得的单位体积重量称为体积密度。当材料处于不同的状态时，会有数值不同的一系列体积密度值。

3. 孔隙率

孔隙率是材料体积内孔隙（空隙）所占体积与材料总体积之比。孔隙率与材料的结构性能有着非常密切的关系。孔隙率越大，则材料的密实度越小，而孔隙率的变化，也必然引起材料的其他性能（如强度、吸水率、导热系数等）的变化。

4. 强度

强度是指材料在受到外力作用时抵抗破坏的能力。根据外力的作用方式，材料的强度有抗拉、抗压、抗剪、抗弯（抗折）等不同的形式。

5. 比强度

比强度是材料强度与体积密度的比值。是衡量材料轻质高强性能的一项重要指标，比强度越大，则材料的轻质高强性能越好。

6. 强度等级

以强度为主要指标的材料，通常按材料强度值的高低划分成若干等级，称为强度等级，如混凝土、砂浆等用“强度等级”来表示。

7. 硬度

硬度是材料抵抗较硬物体压入或刻画的能力。

8. 耐磨性

耐磨性是材料表面抵抗磨损的能力。材料的耐磨性能，除与受磨时的质量损失有关外，还与材料轻度、硬度等性能有关。此外，与材料的组织和结构亦有密切的关系。表示材料耐磨性能的另一参数是磨光系数，它反应的是材料的防滑性能。

9. 吸水性

吸水性是指材料在水中吸收水分的性质。

10. 吸水率

吸水率所反映的是材料在水中（或直接与液态的水接触时）吸水的性质。

11. 含水率

材料中所含水的质量与干燥状态下材料的质量之比，称为材料的含水率。

12. 耐水性

耐水性是指在材料长期在饱和水作用下，保持其原有的性能，抵抗破坏性的能力。材料耐水性能的好坏，通常用软化系数来表示。

13. 抗冻性

抗冻性是指材料在吸水饱和状态下，在多次冻融循环的作用下，保持其原有的性能，抵抗破坏的能力。

14. 导热系数

当材料的两个表面存在温度差时，热量从材料的一面通过材料传至另一面的性质，通常用热导系数（λ）来表示。

从实际选用材料的角度来说，更具意义的是掌握材料导热系数的变化规律。这方面的规律主要有：

（1）当材料发生热变时，材料的导热系数也相应地产生变化；

(2) 材料内部结构的密实度越高，导热系数越大；

(3) 材料的体积密度越大，其导热系数也越大，对于一些体积密度值很小的纤维状材料，有时存在例外的情况；

(4) 一般来说，材料的孔隙率越大，则导热系数越小；

(5) 若材料表面具有开放性的孔结构，且孔径较大，孔隙之间相互连通，则导热系数也较大；

(6) 一般来说，如果湿度变大，温度升高，那么材料的导热系数也将随之变大；

(7) 对于各向异性的材料，导热系数还与热流的方向有关。

15. 耐燃性

材料抵抗燃烧的性质称为耐燃性。

16. 耐火性

指材料抵抗高热或遇火保持其原有性质的能力。

17. 辐射指数

辐射指数所反映的是材料的放射性强度。有些建筑材料在使用过程会释放出各种放射线，这是由于这些材料的原料中的放射性核素含量较高，或是生产过程中的某些因素使得这些材料的放射性强度被提高造成的。当这些放射线的强度和辐射剂量超过一定限度时，就会对人造成损害。因此，在选用材料时应注意其放射性，尽可能将这种损害减至最低限度。

18. 耐久性

耐久性是材料长期抵抗各种内外破坏、腐蚀介质的作用，保持其原有性质的能力。材料的耐久性是材料的一项综合性质，一般包括耐水性、抗渗性、抗冻性、耐腐蚀性、抗老化性、耐热性、耐溶蚀性、耐磨性（或耐擦性、耐光性、耐玷污）。

基础知识四　装饰材料的选用常识

选用建筑装饰材料时，首先应从建筑物的使用要求出发，结合建筑物的造型、功能、用途、所处的环境（包括周围的建筑物）、材料的使用部位等，并充分考虑建筑装饰材料的装饰性质及其他性质，使建筑物获得良好的装饰效果和使用功能（图 1-4-1）。其次，所选建筑装饰材料应具有与所处环境和使用部位相适应的耐久性，以保证建筑装饰工程的耐久性。最后，应考虑建筑装饰材料与装饰工程的

图 1-4-1　2008 北京奥运会鸟巢

经济性，不但要考虑到一次投资，还应考虑到维修费用，因而在关键性部位上应适当加大投资，延长使用寿命，以保证总体上的经济性。

1. 材料的外观

装饰材料的外观主要指材料的形状、质感、纹理和色彩等方面的直观效果。材料的形状、质感、色彩和图案应与空间性质和气氛相协调（图 1–4–2）。空间宽大的大堂、门厅，装饰材料的表面组织可粗犷而坚硬，并可采用大线条的图案，以突出空间的气势；对于相对窄小的空间，如客房、居室、阳台，其装饰要选择质感细腻、色泽明亮的材料（图 1–4–3）。总之，合理而艺术地使用装饰材料外观效果能使室内外的环境装饰显得层次分明、鲜明生动、精致美观。

图 1–4–2 上海环球贸易中心

2. 材料的功能

选择装饰材料应考虑使用场所的特点，如会议室、剧场影院、音乐厅、商场等场所重点考虑吸声材料的应用（图 1–4–4）。室内所在的气候条件，特别是温度、湿度、楼层高低等情况，对装饰选材有极大的影响，如南方地区气候潮湿，应当选用含水率低、复合材料多的装饰材料；一、二层建筑室内光线较弱，应选用色彩亮丽、明度较高的饰面材料；而北方地区或高层建筑与之相反。不同材料有不同的质量等级，用在不同部位应该选用不同品质的材料，如厨房的墙面砖应选择优质砖材，能满足防火、耐高温、遇油污易清洗的基本要求，不宜选择廉价和一般的材料；而阳台、露台使用频率不高，地面可选用经济型饰面砖。应特别注重基层材料的选择和使用，如廉价、劣质的水泥砂浆及防水剂会对高档外部饰面型材造成不良的影响；使用劣质木芯板制作家具会使高档外部饰面板起泡、开裂等。

图 1–4–3 小空间材料的应用效果

图 1–4–4 吸声材料的应用

3. 材料的价格

材料价格，材料的价格受不同地域的资源情况、供货能力、运输费用等因素的影响，消费者在选择过程中，应做到货比三家，量体裁衣，根据自己的实际情况选择相应档次的材料。装饰设计应从长远性、经济性的角度来考虑，充分利用有限的资金取得最佳的使用效果和装饰效果，做到既能满足装饰空间目前的需要，又能考虑到今后的更新变化。总之，装饰工程的投资应充分考虑到装饰材料的性价比，使投资变得合理、经济。

基础知识五　装饰材料的环保性能及可持续发展

建筑装饰装修材料是应用最广泛的建筑功能材料，深受到广大消费者的关注。随着人们生活水平的提高和环保意识的增强，建筑装饰工程中不仅要求材料美观、耐用，同时更关注其有无毒害，对人体健康及环境的影响。

由于建筑装饰材料的使用与人们的日常生活密切相关，所以建筑装饰材料的环保问题特别为广大消费者所重视。中国环境标志产品认证委员会所认定的环境标志产品中，装饰材料占有比较大的份额；同时，为了全面加强建筑装饰材料使用的安全性，控制室内环境的污染，国家质量监督检验检疫总局于2001年底组织专家专门制订了10种室内装修材料的污染物控制标准，这10种材料主要包括：人造板、内墙涂料、木器涂料、胶粘剂、地毯、壁纸、家具、地板革、混凝土添加剂、有放射性的建筑装饰材料等。

1999年，我国首次提出绿色建材定义是采用清洁生产技术，不用或少用天然资源和能源，大量使用工业或城市固态废弃物生产，无毒害、无污染、无放射性，达到使用周期后可回收利用，有利于环境保护和人体健康的建筑材料。绿色建材的定义围绕原材料采用、产品制造、使用和废物处理四个环节，以实现对地球环境负荷最小和有利于人类健康两大目标，达到“健康、环保、安全和质量优良”四个目的。现阶段绿色建材的含义应包括以下几个方面：

（1）以相对最低的资源和能源消耗、环境污染为代价生产高性能建筑材料；

（2）能大幅度地减少建筑能耗（包括生产和使用过程中的能耗）的建材制品；

（3）具有更高的使用效率和优异的材料性能，从而能降低材料的消耗；

（4）具有改善居室生态环境和保健功能的建筑材料；

（5）能大量利用工业废弃物的建筑材料。

在常用的建筑装饰材料中下面几种材料应注意的绿色谎报问题。

1. 人造装饰板材

人造装饰板作为一种表面装饰材料，不能单独使用，只能粘贴在一定厚度和具有一定强度的基材板上，如细木工板、多层胶合板、中密度纤维板和刨花板等，才能得到合理的利用。目前世界各国都十分关注环境的可持续发展，对森林资源进行保护的呼声日益高涨。采用天然木质贴面材料的情况越来越少，而用人工合成、人造木和纸质贴面材料取而代之是必然的趋势。人造板材通常是由小木屑、树皮、果实或亚麻、亚麻纤维，加入树脂、胶粘剂通过热压黏合而成。常见的人造板材有胶合板、纤维板、刨花板、细木工板、木丝板、饰面防火板等，它们广泛用于顶棚、隔断、踢脚线、门窗口等罩面板工程中。复合木地板是地面装饰材料之一，它是由木纤维及胶浆经高温高压压制而成的，是随化工原理的发展而发展起来的一种新型材料，由于其具有耐磨、耐冲击、强度高、含水率低、表面耐灼烧等特点而越来越受到人们的青睐。但用作室内装饰的人造板材和地板在生产时所使用的胶粘剂是以甲醛为主要成分的脲醛树脂，板材中残留的和未参与反应的甲醛会逐渐向周围环境释放，是形成室内空气中甲醛的主体。

目前国内生产的各种人造板所使用的木材胶粘剂基本上是脲醛树脂，脲醛树脂是由甲醛和尿素聚合而成的，甲醛含量的控制必须符合国家标准。

2. 塑料装饰板材

塑料装饰板的绿色环保型性能主要体现在三个方面：

（1）可以替代能耗高、资源短缺的钢材、木材、铝材等，生产过程节能环保；

（2）塑料装饰板使用安全卫生；

（3）由于塑料装饰板为高分子材料制成，质轻、高强、安装方便，可节省基础、运输、安装等方面的费用。

3. 室内装饰用涂料与内墙涂料

装饰涂料可分为木器装修漆和内、外墙涂料。在室内装修中，内墙涂料已大量取代墙纸，聚氨酯木器漆的装饰也占较大的比重。有些劣质内墙涂料甲醛含量超标，还含有一定量的甲苯、二甲苯、氨和铅等；醇酸色漆中铅铬的含量超标最甚，其次是木器漆当中的苯、甲苯和二甲苯。溶剂型聚氨酯木器漆含有 VOC、苯类溶剂和游离 TDI 等。溶剂型涂料污染大气，对人类健康有影响，至 2000 年，欧美等发达国家已限制溶剂型涂料的应用。而水性涂料无污染、无毒害，符合各国的环保要求，为广大用户接受。其中，以丙烯酸酯类乳液为基础的水性涂料是综合性能最好的一种。目前丙烯酸酯类乳液是一种全新的环保型装修用漆，它的光泽、硬度、耐水性等主要应用指标均可与目前常用的硝基清漆和聚酯清漆相媲美。将纳米粒子添加到聚合物涂料中，可以增强涂层的强度、耐划伤、附着力、耐腐蚀性能及改善憎水、憎油性等，是改善聚合物涂料性能的有效途径，在建筑、家具等多个领域应用。

4. 胶粘剂

溶剂型胶粘剂在装饰行业仍有一定市场，而其使用的溶剂多为甲苯，其中含有 30%以上的苯，但因为价格、溶解性、粘接性等原因，还被一些企业采用。一些家庭购买的沙发释放出大量的苯，主要原因是在生产中使用了含苯高的胶粘剂。在 21 世纪，我国应重点发展高性能的环保型水基胶粘剂，尽快制定胶粘剂的国家质量标准，加快淘汰部分质量差、污染大的胶粘剂产品，如 108 胶、氯丁胶和甲醛释放量超标的脲醛胶等。

5. 关于放射性天然石材

天然石材中广泛应用的主要是花岗石和大理石，但少数花岗石和大理石及陶瓷材料中含有放射性元素，如：钍、铀、氡等。天然石材中的放射性危害主要有两个方面，即体内辐射与体外辐射。氡对人体脂肪有很高的亲和力，从而影响人的神经系统，使人精神不振，昏昏欲睡。陶瓷材料的放射性问题目前已引起人们的重视。

第二篇　工程项目篇

项目一　家居装饰材料的识别与选购

在建筑装饰工程中，家居空间的装修是比较常见的，作为工程项目的负责人或材料员应该重视家居装饰材料的识别与选购的工作。在家居装修的材料选购过程中，材料员不但要具备识图、选材的能力；而且还要掌握材料的特点、性能、使用，并具备编制提料计划单的能力；最后完成到材料市场选购材料的任务。

项目任务书

序号	任务内容	具　体　说　明
1	任务说明	本工程项目是 XXX 家居装修的施工项目，要求材料员在施工开工前一周提出材料计划单
2	任务分析	在规定的装修期间内，根据施工进度提交装修各阶段的购料计划，然后到装饰材料市场选购相应的材料
3	项目任务分解	本项目根据装修施工部位的不同将材料的选购工作分成五个任务阶段完成。 任务一：完成隐蔽工程的装饰材料选购任务； 任务二：完成顶棚施工阶段装饰材料的识别与选购任务； 任务三：完成墙面施工段装饰材料的识别与选购任务； 任务四：完成地面施工阶装饰材料的识别与选购任务； 任务五：完成其他装饰材料的识别与选购任务
4	任务能力分解	该任务需要材料员具备对装饰材料识别与选购的能力，同时也应该掌握各种常用装饰材料的应用知识

工程项目展示

【户型】三室一厅如图 2-1-1 ~图 2-1-5 所示。

【建筑面积】235m^2

【地点】哈尔滨市观江国际小区

【户主】一对中年夫妇，高级知识分子，学历都为硕士，政府官员，按揭买房。业余爱好广泛，有修养、有品位。

【设计风格】简约、时尚，整体空间色调明亮，欧式风格。

【装修费用】16 万左右（不包括成品家具、家电等）。

图 2-1-1 客厅效果图

图 2-1-2 餐厅效果图

图 2-1-3 过厅效果图

图 2-1-4　主卧室效果图

图 2-1-5　次卧效果图

任务一　完成家居装修隐蔽工程材料的识别与选购任务

一、任务描述

任务一的成果是完成对家居装修隐蔽工程材料的识别与选购的任务。隐蔽工程指的是水、电路的改造（指装修完看不到的那部分工程），它是家装中最先施工的一个项目，正如行业人士所说的，"装修开始，水电先行"，同时水路、电路改造也是家装中最重要、最容易产生隐患的项目。如果水路改造不规范，材料选用不当则会出现问题，不但给家装业主自己家庭生活带来不便和损失，还会影响邻里，产生纠纷。因此完成此任务阶段的选材工作是一定要认真仔细。

二、任务分析

（一）任务工作量分析

家居隐蔽工程装修所需材料的实际提料过程是材料员对施工现场用材的一个掌握和分析的过程，本施工阶段的施工内容包括：

1. 水暖工程改造；

2. 电气线路改造。

了解施工内容后，要掌握施工进度、熟知施工所需的材料，拟定提料计划单即材料品牌及价格明细表（表 2−1−1）。

隐蔽工程装饰材料（主材）品牌及价格明细表　　表 2−1−1

序号	项目名称	材料名称	单位	规格型号	品牌产地	单价
1	水暖工程改造	PVC−U 4m 国标管材	m	Φ50×2.0 Ⅰ型(PVC 下水 Φ50)	联塑	7.22 元 /m
		PVC−U 4m 国标管材	m	Φ110×3.2 Ⅰ型(PVC 下水 Φ110)	联塑	23.04 元 /m
		S3.2 PPR 管	m	Φ40×5.5 (2.0MPa)(PPR 给水 Φ40)	伟星	26 元 /m
		S3.2 PPR 管	m	Φ32×4.4 (2.0MPa)(PPR 给水 Φ32)	伟星	17 元 /m
		S3.2 PPR 管	m	Φ25×3.5 (2.0MPa)(PPR 给水 Φ25)	伟星	11 元 /m
		S3.2 PPR 管	m	Φ20×2.8 (2.0MPa)(PPR 给水 Φ20)	伟星	7 元 /m
		镀锌钢管	m	SC15	鹏利	7.02 元 /m
		镀锌钢管	m	SC20	鹏利	9.13 元 /m
		镀锌钢管	m	SC25	鹏利	14 元 /m
		金属软管	m	15mm	瑞兴利	2 元 /m
2	电气线路改造	绝缘铜芯导线	m	ZRBV−2.5	金诚	2.58 元 /m
		PVC 阻燃管	m	25mm×1.9mm	雄塑	3.6 元 /m
		PVC 阻燃管	m	32mm×2.4mm	雄塑	5.8 元 /m
		PVC 阻燃管	m	20mm×1.8mm	雄塑	1.8 元 /m

（二）任务重点难点分析

依据施工现场的施工进度提出的提料计划单到材料市场去选购，难点是如何能识别隐蔽工程管材、线材质量的优劣，重点是选购符合装饰要求的管材、线材等装饰材料。

三、识别装饰材料的相关知识

(一) 水暖管材

1．铝塑复合管

(1) 铝塑复合管的定义与特性

铝塑复合管是一种新型管材，又称为PE—AL—PE管（图2–1–6），采用物理复合和化学复合的方法，将聚乙烯处于高温熔融状态，铝管处于加热状态，在铝和聚乙烯之间再加入一层胶粘剂，形成聚乙烯、胶粘剂、铝管、胶粘剂、聚乙烯五层结构（图2–1–7）。五层材料通过高温、高压融合成一体，充分体现了金属材料与塑料的各自优点，并弥补了彼此的不足。

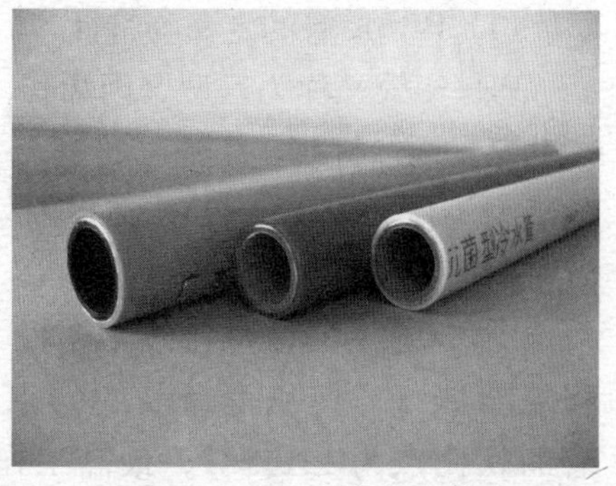

图2–1–6　铝塑复合管

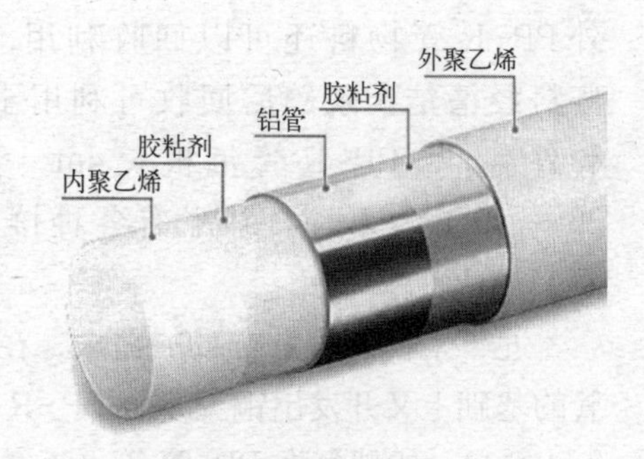

图2–1–7　铝塑复合管构造

铝塑复合管防老化性能好，冷脆温度低，膨胀系数小，防紫外线，在无高热和强紫外线辐射条件下，平均使用寿命在50年以上。管道尺寸稳定，清洁无毒、平滑、流量大，而且具有一定的弹性，能有效减弱供水中的水锤现象，以及流体压力产生的冲击和噪声。铝塑复合管尺寸规格有1520、2025、2532、3240、4050、5063等，前两位数代表管内径，后两位数代表管外径（表2–1–2），单位为毫米。长度有50、100、200m等。

(2) 铝塑复合管的应用

铝塑复合管适用范围广，可以作为室内外冷热水管、采暖管、温泉管、太阳能管等，在工程施工中方便快捷，能有效缩短工期，色彩鲜艳，美观大方，是理想的镀锌管（图2–1–8）替代品。

图2–1–8　镀锌管

铝塑复合管尺寸规格　　表2–1–2

尺寸规格	内部直径	尺寸规格	内部直径
1520	15mm	2025	20mm
2532	25mm	3240	32mm
4050	40mm	5063	50mm

2. PP-R 管

(1) PP-R 管的定义与特性

PP-R 管又称为三型聚丙烯管，采用无规共聚聚丙烯材料，经挤出成型，注塑而成的新型管件（图 2-1-9），在室内外装饰工程中取代传统的镀锌管。

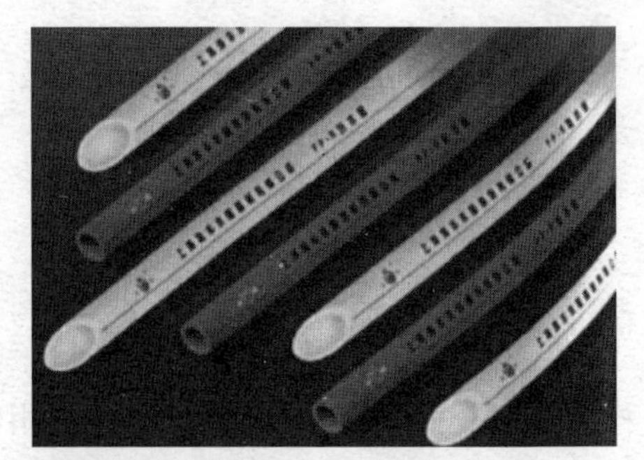

图 2-1-9　PP-R 管

PP-R 管具有重量轻、耐腐蚀、不结垢、保温节能好、使用寿命长的特点。PP-R 管的软化点为 131.5℃。最高工作温度可达 95℃。PP-R 的原料分子只有碳、氢元素，没有毒害元素存在，卫生、可靠。此外 PP-R 管物料还可以回收利用，PP-R 废料经清洁、破碎后回收可利用于管材、管件生产。PP-R 管每根长 4m，管径从 20 ~ 125mm 不等，并配有各种接头（图 2-1-10）。

图 2-1-10　PP-R 管接头配件

近年来，为满足市场的需求，在 PP-R 管的基础上又开发出铜塑复合 PP-R 管（图 2-1-11）、铝塑复合 PP-R 管、不锈钢复合 PP-R 管等，进一步加强了 PP-R 管的强度，提高了管材的耐用性。

(2) PP-R 管的应用

PP-R 管不仅用于冷热水管道，还可用于纯净饮用水系统。PP-R 管在安装时采用热熔工艺（图 2-1-12），可做到无缝焊接，可埋入墙内，它的优点是价格比较便宜，施工方便。在施工中，铜管的切割、弯曲、加工焊接也极为简单，连接形式多种多样，有钎焊、卡套、压接、插接、法兰、沟槽等，完全能满足各种不同场合、情况的需要。

图 2-1-11　铜塑复合 PP-R 管

图 2-1-12　PP-R 管热熔工具

3．PVC-R 管

（1）PVC-R 管的定义与特性

PVC 管是由硬聚氯乙烯树脂加入各种添加剂制成的热塑性塑料管，适用水温不大于 45℃，工作压力不大于 0.6MPa 的排水管道，具有重量轻、内壁光滑、流体阻力小、耐腐蚀性好、价格低等优点，取代了传统的铸铁管，也可以用于电线穿管护套。连接方式有承插、粘接、螺纹等（图 2-1-13、图 2-1-14）。

图 2-1-13　PVC 管（一）

PVC 管有圆形、方形、矩形、半圆形等多种，以圆形为例，直径从 10 ~ 250mm 不等。

（2）PVC-R 管的应用

PVC-R 管中含铅，一般用于排水管，不能用作给水管。在施工时，要注意使用胶密封好接缝（图 2-1-15）。

图 2-1-14　PVC 管（二）

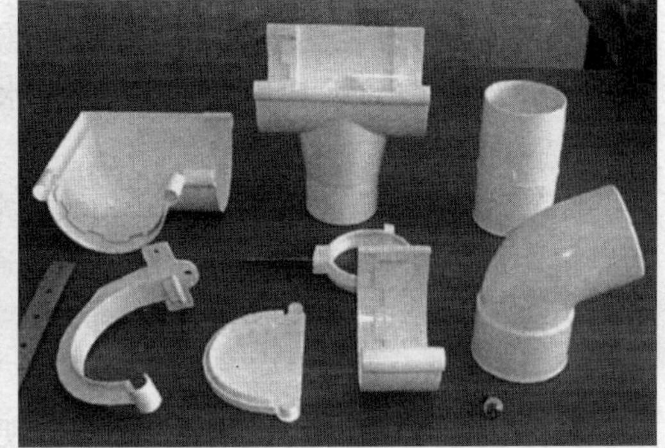

图 2-1-15　PVC-R 管配件

4．镀锌钢管

（1）镀锌钢管的定义与特性

镀锌钢管分为冷镀锌管、热镀锌管，前者已被禁用，后者还能使用。热镀锌管是使熔融金属与铁基体反应而产生合金层，从而使基体和镀层二者相结合而成。热镀锌是先将钢管进行酸洗，去除钢管表面的氧化铁，酸洗后，通过氯化铵、氯化锌水溶液或氯化铵和氯化锌混合水溶液槽中进行清洗，然后送入热浸镀槽中。热镀锌具有镀层均匀，附着力强，使用寿命长等优点。热镀锌钢管基体与熔融的镀液发生复杂的物理、化学反应，形成耐腐蚀的结构紧密的锌—铁合金层。合金层与纯锌层、钢管基体融为一体。故其耐腐蚀能力强。

（2）镀锌钢管的应用

镀锌管一般应用于热水管、煤气管、散热器管中。

5. 金属软管

(1) 金属软管的定义与特性

金属软管又称为金属防护网强化管，内管中层布有腈纶丝网加强筋，表层布有金属丝编制网（图 2–1–16）。

金属软管重量轻、挠性好、弯曲自如，最高工作压力可达 4.0MPa，负压可达 0.1MPa。使用温度为 −30 ～ 120℃，不会因气候或使用温度变化而出现管体硬化或软化现象，具有良好的耐油、耐化学腐蚀性。

金属软管的生产以成品管为主，两头均有接头，长度从 0.3 ～ 20m 不等，可以订制生产。

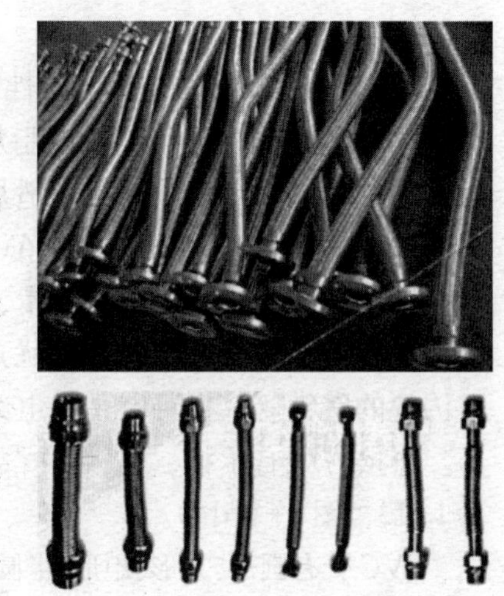

图 2–1–16　金属软管

(2) 金属软管的应用

金属软管在室内装饰装修中主要用作供水管和供气管，可取代普通橡胶软管，普通橡胶软管使用寿命为 18 个月，而金属软管可达 10 年。目前我国一些城市已经明令禁止销售普通塑料软管，强制推行使用安全系数较高的金属软管。金属软管不易破裂脱落，更不会因虫鼠咬噬而漏水漏气。

(二) 电气线路材料

电气改造工程在室内装饰装修领域通常也被称为隐蔽工程，电线一般安装在管路里，被埋藏在墙体内部，便于维修，通常所用的管都是阻燃管。电线常用的有电力线、护套线和信号传输线。

1. 阻燃管

在电气安装工程中，分刚性阻燃管、硬质聚氯乙烯管以及半硬质塑料管三种。

(1) 刚性阻燃管：为刚性 PVC 管，也叫 PVC 冷弯电线管，分轻型、中型、重型。管材长度 4m/ 根，颜色有白、纯白，弯曲时需要专用弯曲弹簧。管子的连接方式采用专用接头插入法连接，连接处结合面涂专用胶合剂，接口密封。

(2) 硬质聚氯乙烯管：系由聚氯乙烯树脂加入稳定剂、润滑剂等助剂经捏合、滚压、塑化、切粒、挤出成型加工而成，耐酸碱，加热摵弯、冷却定型才可用。主要用于电线、电缆的保护套管等。管材长度一般 4m/ 根，颜色一般为灰色。

(3) 半硬质阻燃管：也叫 PVC 阻燃塑料管，由聚氯乙烯树脂加入增塑剂、稳定剂及阻燃剂等经挤出成型而得，用于电线保护，一般颜色为黄、红、白色等。管子连接采用专用接头抹塑料胶后粘接，管道弯曲自如无须加热，成捆供应，每捆 100m。

刚性阻燃管主要采用管码、管卡（管件）、少量的胶合剂来连接，具有硬度高、不宜弯曲、施工难度大等特点；硬质聚氯乙烯管主要采用塑料带管卡子、塑料焊条、塑料胀管连接，比较好施工；半硬质塑料管主要采用套接管、胶合剂连接，即粘接，宜施工。

2. 电力线

（1）电力线的定义与特性

电力线是用来传输电力的导体管线，能保证照明、电器、设备等系统正常运行，室内装饰装修所用的电力线通常采用铜作为导电材料，外部包上聚氯乙烯绝缘套（PVC），在形式上一般分为单股线和护套线两种。

单股线：即单根电线（图 2-1-17），内部是铜芯，外部包 PVC 绝缘套，需要施工员来组建回路，并穿接专用阻燃 PVC 线管（图 2-1-18），方可入墙埋设。为了方便区分，单股的 PVC 绝缘套有多种色彩，如红、绿、黄、蓝、紫、黑、白和绿黄双色等，在同一装饰工程中用线的颜色及用途应一致。阻燃 PVC 线管表面应光滑，壁厚要求达到手指用劲捏不破的程度，也可以用国标的专用镀锌管做穿线管。

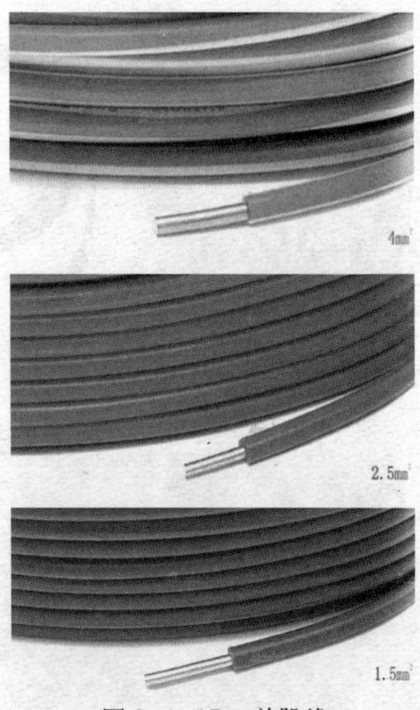

图 2-1-17　单股线

护套线：为单独的一个回路，包括一根火线和一根零线，外部有 PVC 绝缘套统一保护。PVC 绝缘套一般为白色或黑色，内部电线为红色和彩色，安装时可以直接埋设到墙内，使用方便（图 2-1-19）。

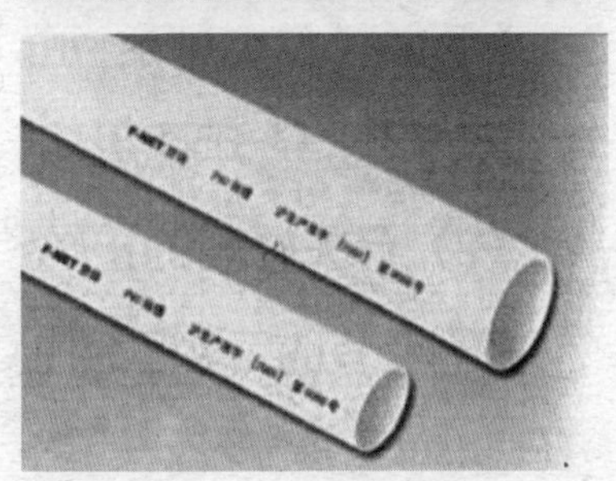

图 2-1-18　PVC 绝缘套

电力线铜芯有单根和多根之分，单根铜芯的线材比较硬，多根缠绕得比较软，方便转角。无论是护套线还是单股线，都以卷为计量，每卷线材的长度标准应为 100m。电力线的粗细规格一般按铜芯的截面面积来划分，照明用线选用 $1.5mm^2$，插座用线选用 $2.5mm^2$，空调等大功率电器设备的用线选用 $4mm^2$，超大功率电器可选用 $6mm^2$ 等。

（2）电力线的应用

电力线的施工要求严谨、细致（图 2-1-20），施工前要对线材通电检查，施工时明确分路和回路，聘请具有职业资格等级证书的电工操作，避免出现安全事故和材料浪费。

图 2-1-19　护套线

图 2–1–20　电力线布局

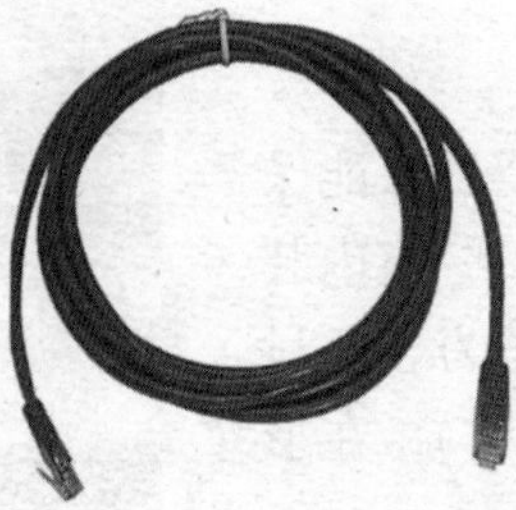

图 2–1–21　电脑网线

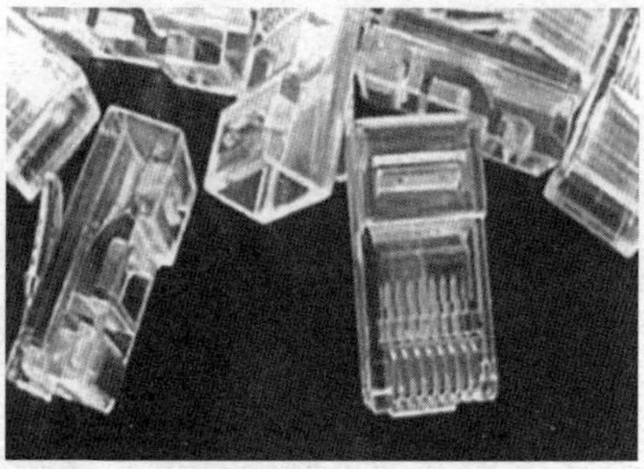

图 2–1–22　网线接头

图 2–1–23　有线电视线

图 2–1–24　音响线

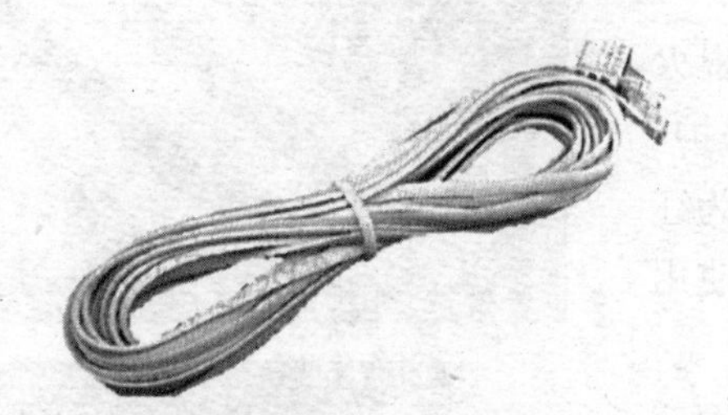

图 2–1–25　电话线 2 芯

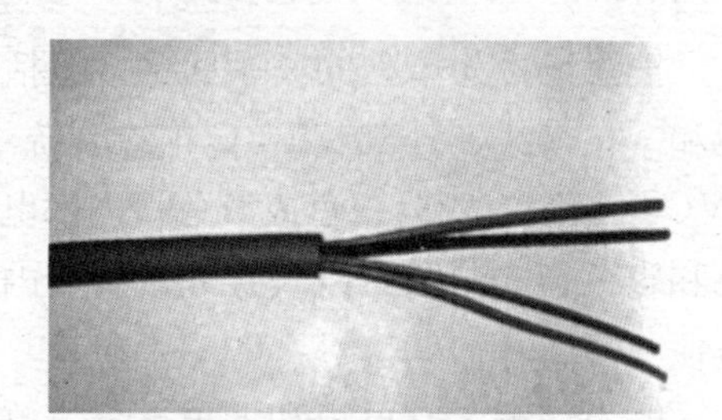

图 2–1–26　电话线 4 芯

3. 信号传输线

(1) 信号传输线的定义与特性

信号传输线又称为弱电线，用于传输各种音频、视频等信号，在室内装饰工程中主要有：电脑网线（图 2–1–21、图 2–1–22）、有线电视线（图 2–1–23）、音响线（图 2–1–24）、电话线（图 2–1–25、图 2–1–26）等。由于是信号传输，导体的材料多种多样，如铜、铁、铝、铜包铁、合金铜等。

信号传输线一般都要求有屏蔽功能，防止其他电流干扰，尤其是电脑网线和音响线，在信号线的周围，有铜丝或铝箔编织成的线绳状的屏蔽结构，带屏蔽功能的信号线价格较高，质量稳定。

(2) 信号传输线的应用

在铺设电线穿管时，电线总的截面面积不能超出线管内直径的 40%。在设计电线铺设时，电力线与信号传输线不能同穿一根线管。信号传输线由于其信号电压低，易受220V电力线的电压干扰，因此，弱电线的走线必须避开电力线。两者平行距离应在300mm以上，插座间距也应在300mm以上，插座下边缘距地面约300mm。在地板下布线，为了防止湿气和其他环境因素的影响，这些线的外面都要加上牢固的无接头套管，如果有接头，必须对其进行密封处理。

四、选购隐蔽工程装饰材料的相关技能

（一）管材的选购方法

1．PP–R管

（1）“摸”：质感是否细腻，颗粒是否均匀。现在市场上PP–R管主要有白、灰、绿几种颜色，一般情况下，回收塑料做不成白色，所以消费者往往认为白色的才是最好的。其实这种观点比较片面，随着技术的更新提高，颜色不是辨别PP–R管好坏的标准。鉴别管的好坏，光靠“看”是不能解决问题的，摸一摸，颗粒粗糙的很可能掺和了其他杂质。

（2）“闻”：有无气味。PP–R管主要材料是聚丙烯，好的管材没有气味，差的则有怪味，很可能是掺了聚乙烯，而非聚丙烯。

（3）“捏”：PP–R管具有相当的硬度，随随便便可以捏成变形的管，肯定不是PP–R管。

（4）“砸”：好的PP–R管，“回弹性”好，太容易砸碎自然不是好的PP–R管。但硬度强不等于弹性好，对怎么都砸不碎的PP–R管，消费者就要留有疑问了。因为有些不法厂家通过加入过多碳酸钙等杂质来提高管材的硬度，这样的管用久了容易发生脆裂。

（5）“烧”：点火一烧，很直观也很管用。原料中混合了回收塑料和其他杂质的PP–R管会冒黑烟，有刺鼻气味；好的材质燃烧后不仅不会冒黑烟、散发异味，燃烧后，熔出的液体依然很洁净。

2．PVC–R管

（1）选购PVC管时要注意管材上标明的执行标准是否为相应的国家标准，尽量选购国家标准产品。

（2）优质管材外观应光滑、平整、无起泡，色泽均匀一致，无杂质，壁厚均匀。

（3）管材有足够的刚性，用手挤压管材，不易产生变形，直径50mm的管材，壁厚至少需有2.0mm以上。

（二）电线材料的选购方法

1．PVC阻燃管

PVC阻燃管的厚度达标不等于线管质量达标，除厚度外，还要看清楚：

（1）线管上面的字体清晰，每隔一米范围内应该有“PVC阻燃电工套管”品牌、认证、型号等字样；

（2）电工套管的牌子不能轻信，管壁的厚度应实际测量。

（3）电工阻燃管的硬度和柔韧性是考核电线管的另外一个指标。

2. 电力线

（1）看外观：优质电线外皮都采用原生塑料制造，表面光滑，不起泡，剥开后的外皮有弹性，不易断；劣质电线的外皮都是利用回收塑料生产的，表面粗糙，对光照有明显的气泡，用手很容易拉断，易开裂老化、短路、漏电。

（2）看线径：优质电线剥开后铜芯有明亮的光泽，柔软适中，不易折断，国家标准线径为 1.5、2.5mm^2 和 4mm^2；劣质电线往往利用回收铜作原料，或者把线径缩小，回收铜里因含有其他金属杂质，导电性能降低，增加了电能损耗，光泽度差，发硬易折断。

（3）看长度和价格比：正宗的国家标准电线每卷长 100m（±5%以内误差）；非国家标准电线一般只有 90m，甚至更少，价格自然低些。

（4）看包装：看成卷的电线包装牌上，有无中国电工产品认证委员会的“长城”标志和生产许可证号，有无质量体系认证书；看合格证是否规范；看有无厂名、厂址、检验章、生产日期；看电线上是否印有商标、规格、电压等（图 2-1-27）。

图 2-1-27　电线包装

五、拓展与提高

管材的拓展知识

图 2-1-28 是家装与公装应用管材施工时常用的管材配件

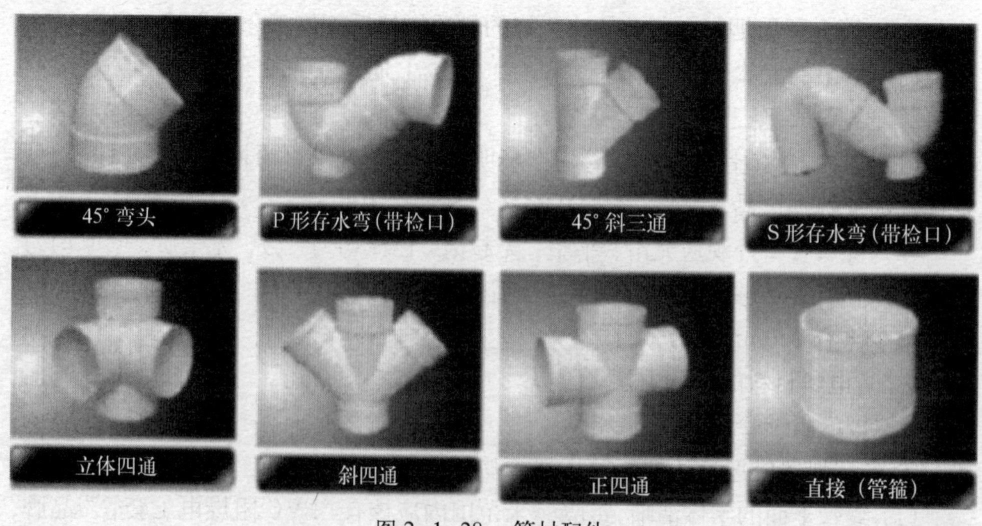

图 2-1-28　管材配件

任务二　完成家居顶棚装饰材料的识别与选购任务

一、任务描述

任务二的成果是完成对家居顶棚工程施工阶段装饰材料识别与选购的任务。顶棚是空间围合的重要元素，在室内装饰中占有重要的地位，它和墙面、地面构成了室内空间的基本要素，对空间的整体视觉效果产生很大的影响，顶棚装修给人最直接的感受是美化、美观。

家居顶棚吊顶是居室屋顶装饰的形式之一，它通过在屋顶的结构层上悬吊装饰面，形成一个隐蔽的空间，既有隔热、隔声的功能，又可以在其中布置管道和线路，使居室内达到整洁美观的效果。同时，吊顶还可以具有细化功能分区、弥补结构瑕疵（外露的管道、不对称的房梁等）的作用。从当前的家装形势来看，吊顶的设计要求简约化、功能化，那么在选材时更要注意材料的功能性和实用性。

二、任务分析

（一）任务工作量分析

家居顶棚装修工程所需材料的实际提料过程是材料员对施工现场用材的一个掌握和分析过程，本施工阶段的施工内容包括：

1. 客厅及餐厅的顶棚吊顶施工；

2. 卧室顶棚吊顶施工；

3. 厨房卫生间吊顶；

了解施工内容后，要掌握施工进度、熟知施工所需的材料，拟定提料计划单即材料品牌及价格明细表（表2-1-3）。

顶棚装饰材料（主材）品牌及价格明细表　　表2-1-3

序号	项目名称	材料名称	单位	规格型号	品牌产地	等级	单价
1	客厅及餐厅顶棚	木龙骨	m	30mm×40mm（截面）	地产		1.50
		纸面石膏板	张	1220mm×2440mm	可耐福	优等	36.00
		821腻子	袋	20kg/袋	美巢	优等	18.00
		嵌缝带	卷	75m/卷	拉法基	优等	36.00
		砂纸	张	150#	金相		1.80
		顶棚壁纸	卷	5.3m²/卷	玉兰		260.00
		石膏角线	m	70宽	真金		14.00
		顶棚底漆	桶	5L	立邦		298.00
		顶棚面漆	桶	15L	立邦净味		638.00

续表

序号	项目名称	材料名称	单位	规格型号	品牌产地	等级	单价
2	卧室顶棚	木龙骨	m	30mm×40mm（截面）	地产		1.50
		纸面石膏板	张	1220mm×2440mm	可耐福	优等	36.00
		821 腻子	袋	20kg/ 袋	美巢	优等	18.00
		嵌缝带	卷	75m/ 卷	拉法基	优等	36.00
		砂 纸	张	150 号	金相		1.80
		顶棚底漆	桶	5L	立邦		298.00
		顶棚面漆	桶	15L	立邦净味		638.00
3	厨房顶棚	木龙骨	m	30mm×40mm（截面）	地产		1.50
		PVC 扣板	m^2	9mm（厚）	志申		80.00
4	卫生间顶棚	木龙骨	m	30mm×40mm（截面）	地产		1.50
		PVC 扣板	m^2	9mm（厚）	志申		80.00

（二）任务重点难点分析

依据施工现场的施工进度提出的提料计划单（表 2–2–1），到材料市场去选购。难点是如何能识别顶棚装饰材料质量的优劣，重点是选购顶棚装修的主要材料，如骨架材料、纸面石膏板、棚面漆等。

三、识别装饰材料的相关知识

（一）木质骨架材料

1. 木质骨架材料的定义与特点

木质骨架又称为木龙骨或木方，是室内装饰装修中使用较多的轻质木材，主要由松木、杉木、椴木等树木加工成截面为矩形或正方形的木条（图 2–1–29、图 2–1–30）。

图 2–1–29　木龙骨架木条

图 2–1–30　木龙骨架木方

（1）木材的含水率

木材的含水率以木材所含水分重量与烘干木材重量比值的百分数来表示：

$$木材的含水率 = \frac{木材干燥前重量 - 木材烘干后的重量}{木材烘干后的重量} \times 100\%$$

（2）木材的强度

木材抗压强度、抗拉强度、抗剪切强度都随着受力方向的不同而很大区别。当不考虑木材的疵病时，按强度大小排列的次序是：顺纹抗拉强度＞弯曲强度＞顺纹抗压强度＞横纹抗剪切强度＞顺纹抗剪切强度＞横纹抗压强度＞横纹抗拉强度。这是理论分析的次序，实际上，木材或多或少都存在着木节、裂纹、腐朽、虫害、弯曲、奈纹和髓心等疵病，这些疵病通常对抗拉强度和抗压强度的影响比较大。

（3）木材的易燃性

木材的易燃性是其主要的缺点之一。木材的防火处理是指提高木材的耐火性，使之不易燃烧。常用的防火处理方法是在木材的表面涂施防火涂料或防火剂（如铵氟合剂、氨基树脂等），对木材进行浸渍处理，起到既防火又防腐的双重作用。

2. 木质骨架材料的应用

（1）木质骨架规格

木质骨架的来源可以是原木开料，加工成所需的规格木条；也可以用普通板材二次加工成所需的规格木条；还可以在市场上直接购买成品木条。

木质骨架根据使用部位不同而采取不同尺寸的截面，一般用于室内吊顶、隔墙的主龙骨（图 2–1–31）截面尺寸为 50mm × 70mm 或 60mm × 80mm，而次龙骨（图 2–1–32）截面尺寸为 40mm × 60mm 或 50mm × 50mm。用于轻质扣板吊顶和实木地板铺设的龙骨截面尺寸为 30mm × 40mm 或 25mm × 30mm。

（2）木质骨架的用途

在室内装饰装修中所使用的木质骨架材料主要是指用于隔墙、顶棚、护墙板、门窗套等内部的龙骨、立筋、骨架，以及具备承载或平衡重力的基层框架材料，也可用于墙面、棚面的各种造型（图 2–1–33）。这种材料大部分被隐藏在装饰结

图 2–1–31
主龙骨架

图 2–1–32
次龙骨架

图 2–1–33
弧形木骨架

构内部，具有较强的抗压性；而装配在外部的骨架材料具有较强的装饰性，但防火功能差。

图 2-1-34 纸面石膏板

（二）顶棚饰面材料

1. 纸面石膏板

（1）纸面石膏板的定义与特点

纸面石膏板是以半水石膏和护面纸为主要原料，掺入适量的纤维、胶贴剂、促凝剂、缓凝剂，经料浆配制、成型、切割、烘干而制成的轻质薄板。普通纸面石膏板又分防火和防水两种。市场上销售的石膏板兼有两种功能。普通纸面石膏板的规格为（长 × 宽）2440mm × 1220mm，厚度有 5、9.5、12mm 等（图 2-1-34）。

纸面石膏板的特性是防火性能好，板面平整、化学性能稳定、无毒、阻燃。

（2）纸面石膏板的应用

纸面石膏板广泛应用于室内装饰装修吊顶和隔墙的贴面板。

纸面石膏板用于顶棚和装饰，使用自攻螺钉钉接在龙骨架上，施工方便，可塑性强。装饰石膏板主要用于办公间和过廊的吊顶，直接放置在铝合金龙骨上即可。

（3）石膏角线

石膏角线就是石膏艺术制品的一种，它主要用于顶棚和墙面的夹角中。特点是形体饱满，表面光洁，颜色洁白、图案逼真、具有独特的风格（图 2-1-35）。

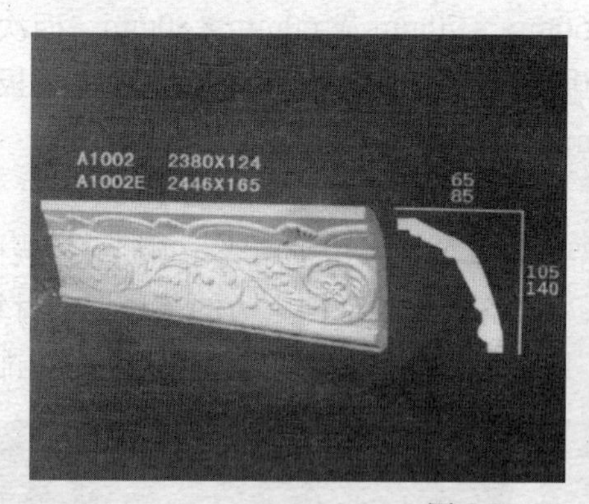

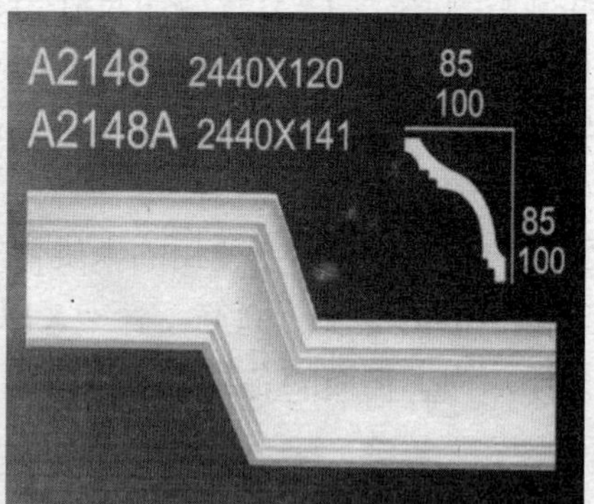

图 2-1-35 石膏角线

2. 涂料

涂料是指一种涂覆在物体（被保护和被装饰的对象）表面并能形成牢固附着的连续保护薄膜的物质。对物体起到装饰和保护的功能，有建筑物化妆品的美称。涂料是由主要成膜物质、次要成膜物质和辅助物质三部分组成。

涂料作用：装饰作用、保护作用、特殊功能、标志作用。

涂料的分类：

（1）按建筑部位不同，涂料分为内墙涂料和外墙涂料。

（2）按功能不同，主要分为墙面涂料，木器涂料和金属涂料。涂料又可分为很多种：防水涂料，防火涂料，防霉涂料，防蚊涂料及具有多种功能的多功能涂料等等；

（3）按状态不同，又可分为水性涂料和油性涂料；

（4）按作用形态又可分为挥发性涂料和不挥发性涂料；

（5）按表面效果分，又可分为透明涂料，半透明涂料和不透明涂料。

涂料的命名：

国家标准《涂料产品分类、命名和型号》GB2075—1992中规定，各种涂料的型号用三个部分表示：第一部分是主要成膜物质的代号，用汉语拼音表示。第二部分是基本名称，用两位数字表示。第三部分是序号，表示同类产品中组成，配比或用途不同的涂料品种。

涂料的技术性能：

涂料的主要技术性能包括在容器中的状态、黏度、含固量、细度、干燥时间、最低成膜温度等。容器中的状态反映涂料体系在储存时的稳定性。各种涂料在容器中储存时均应无硬块，搅拌后应呈均匀状态。涂料应有一定的黏度，使其在涂饰作业时易于流平而不流挂。建筑涂料的黏度取决于主要成膜物质本身的黏度和含量。含固量是指涂料中不挥发物质在涂料总量中所占的百分比。细度是指涂料中次要成膜物质的颗粒大小，它影响涂膜颜色的均匀性、表面平整性和光泽。

建筑涂料对建筑物有一定的装饰和保护功能，这种功能的体现主要是通过形成性能优良的涂膜实现的。建筑涂料一般分为内墙涂料和外墙涂料两种。

内墙涂料的种类：

第一类是低档水溶性涂料；

第二类是合成树脂乳液内墙涂料（乳胶漆）；

第三类是目前十分流行的多彩涂料。

目前，常用的内墙涂料是合成树脂乳液内墙涂料即乳胶漆，本书重点介绍乳胶漆。

3. 乳胶漆

（1）乳胶漆的定义与特性

乳胶漆又称为乳胶涂料、合成树脂乳液涂料。乳胶漆是以合成树脂乳液涂料为原料，加入颜料、填料及各种辅助剂配制而成的一种水性涂料。

乳胶漆与普通油漆不同，它是以水为介质进行稀释和分解，无毒无害，无污染，无火灾危险，施工工艺简便，消费者可自己动手涂刷。乳胶漆结膜干燥快，施工工期短，覆遮性好、可弥盖细微裂纹，适用性、防水性、 附着力好，易清洗，还能节约装饰装修施工成本。高级乳胶漆还可随意配饰各种色彩，随意选择各种光泽，如哑光、高光、无光、丝光、石光等，装饰手法多样，装饰格调清新淡雅，涂饰完成后手感细腻光滑。

乳胶漆维护方便，可任意覆盖涂饰，高档乳胶漆还具有水洗功能，即墙面黏染污渍后使用清水擦洗即可。乳胶漆价格低廉，经济实惠，是现代居室装饰装修墙顶面装饰的理想材料。市场上销售的乳胶漆多为内墙乳胶漆，桶装规格一般为5、15、18L，小桶的乳胶漆是4L/桶。

乳胶漆的种类很多，通常以合成树脂乳液来命名，主要品种有：聚醋酸乙烯乳胶漆、丙烯酸酯乳胶漆、乙—丙乳胶漆、苯—丙乳胶漆、聚氨酯乳胶漆等。

（2）乳胶漆的应用

乳胶漆使用方便，消费者和设计师可以根据室内设计风格来配置色彩，品牌乳胶漆销售商提供计算机调色服务，一般消费者也可以自己购买专用染色剂或广告颜料来调配。乳胶漆无毒、无味，具有较高的遮盖力、良好的耐洗性、附着力和耐碱性好、安全环保、施工方便，适用于工矿企业、机关学校、安全工程、民用居住。

4．PVC塑料扣板

（1）PVC扣板的定义与特点

PVC扣板即塑料扣板（图2–1–36），是以聚氯乙烯树脂为基料，加入增塑剂、稳定剂、颜色剂后经挤压而成。具有重量轻、安装简便、防水、防潮、防蛀虫的特点，它表面的花色图案变化也非常多，并且耐污染、好清洗、有隔声、隔热的良好性能，特别是新工艺中加入了阻燃材料，使其能离火即灭，使用更为安全，外观呈长条状居多，条型扣板宽度为200～450mm不等，长度一般有3000mm和6000mm两种，厚度为4～12mm。它成本低、装饰效果好，因此在家庭装修吊顶材料中占有重要位置，成为卫生间、厨房、阳台等吊顶的常用材料。

（2）PVC扣板的应用

PVC吊顶扣板一般用于厨房和卫生间的顶棚装饰（图2–1–37），通过专配图钉直接钉接在吊顶龙骨上，板材之间相互扣接，遮掩住顶檐，外观光洁，色彩华丽。

图2–1–36　PVC塑料扣板

图2–1–37　塑料条形扣板

四、选购吊顶装饰材料的相关技能

（一）木质骨架的选购方法

木质骨架在加工制作时分为足寸和虚寸两种。足寸是实际成品的尺度规格，而虚寸是型材订制设计时的规格（木质骨架在加工锯切时所损耗的锯末也包括在设计尺寸中），这也是商家所标称的规格，因而虚寸比足寸要大，虚寸为 50mm×70mm 的木龙骨，足寸约为 46mm×63mm 左右。另外，在选购中还要认真识别木质骨架的外观，是否有腐蚀的痕迹，价格是否合理。

（二）顶棚饰面材料的选购方法

1. 纸面石膏板

（1）观察纸面。优质纸面石膏板用的是进口的原木浆纸，纸轻且薄，强度高，表面光滑，无污渍，纤维长，韧性好；而劣质石膏板用的是再生纸浆生产出来的纸张，较重、较厚，强度较差，表面粗糙，有时可看见油污斑点，易脆裂。

（2）观察板芯。优质纸面石膏板选用高纯度的石膏矿作为芯体材料的原材料，板芯色白；而劣质的纸面石膏板对原材料的纯度缺乏控制，板芯发黄色（含有黏土），颜色暗淡。

（3）观察纸面粘接。优质的纸面石膏板的纸张全部粘接在石膏芯体上，石膏芯体没有裸露；而劣质纸面石膏板的纸张则可以撕下大部分甚至全部纸面，石膏芯完全裸露出来（图 2–1–38）。

图 2–1–38　劣质石膏板板芯

（4）掂量单位面积重量。相同厚度的纸面石膏板，在达到标准强度的前提下，优质板材比劣质的一般要轻。劣质的纸面石膏板大都是设备陈旧、工艺落后的工厂中生产出的产品，杂质很多。

2. 乳胶漆

（1）看标识及外包装（图 2–1–39）。购买乳胶漆尽量选择正规的销售经营店，选择知名产品。真正的绿色涂料必须带有中国环境标志产品认证委员会颁发的“十环”标志（图 2–1–40），不要一味相信一般涂料上的“国标”二字，因为它只是室内墙面涂料进入市场的

图 2–1–39　优质、劣质涂料外包装比较

图 2-1-40　绿色环保标志

图 2-1-41　优质多彩涂料

“准入标准”，是最基本的质量要求。

(2) 没有问题的涂料经销商多采用开盖销售的方法，让消费者直观涂料的环保性。

一“看”，看涂料表面。优质的多彩涂料其保护胶水溶液层呈无色或微黄色，且较清晰，表面通常是没有漂浮物的（图 2-1-41）。如果涂料出现严重的分层，说明质量较差，涂料中加水过多就会有沉淀。

二“闻”，再闻一闻涂料中是否有刺鼻的气味，有毒的涂料不一定有味儿，但有异味儿的涂料一定有毒。

三“摸”，用手轻捻，正品乳胶漆应该手感光滑、细腻。

四“搅”，用木棍将乳胶漆轻轻搅动，看是否用力较大，是否黏稠、均匀。质量较好的涂料料质黏稠、均匀，搅时用力大。

五“挑”，用棍挑起来，应成流往下淌，如果把棍倾斜，会形成三角的漆帘，这样的涂料质量较好。

(3) 仔细查看产品的质量检验报告，尤其注意看涂料的总有机挥发量（VOC）。有机挥发物对我们的居室环境和自身都构成了极大的危害。甲苯、二甲苯、丁酮、醋酸酯等都在限制之列，我们应该尽量减少这些溶剂的用量。目前国家对涂料的 VOC 含量标准规定为每升不超过 200g，较好的涂料为每升 100g 以下，而环保的涂料则接近于 0。

3．PVC 塑料扣板

近年来，PVC 塑料扣板的品种日益增加，印刷、覆膜及烫印等表面装饰技术的推广应用，使板面质量大为改观，装饰性得以提高，但目前国内市场上的 PVC 塑料扣板良莠不齐，优劣难辨。消费者可以用以下几种简易的识别方法去进行选购。

(1) 测量壁厚

行业标准 QB/T2133-95 规定，扣板的壁厚不低于 0.7mm，特别是使用面，一般厂家的合格产品必须达到这个要求。

(2) 察看锯口情况及板内表面的粗糙程度

质量好的扣板，强度及韧性都好，板面及内筋等部位在锯断时，不会出现崩口，且锯口平齐，无毛刺、裂纹等现象，内表面及内筋断面平滑，不会有明显的气泡。劣质扣板锯口会出现毛刺，内筋及板的上下面容易出现崩口、裂纹，且内表面粗糙，内筋上气泡多。

(3) 用手指按压板茎

取一段扣板，用手指按压板茎（图2-1-42)，如果是劣质板材，则板茎很容易折断崩裂，而优质的板材则不会出现这种情况，这是检查扣板内在质量最简单有效的办法。

图 2-1-42　鉴别 PVC 扣板

(4) 用指甲试划印花面

印花扣板的印刷图案上面有一层光膜，起保护图案和花纹的作用，该光膜必须有一定硬度才能耐摩擦。要检察光膜的硬度，可以用指甲在光膜面上来回试划，然后观察是否会留下划痕，若出现划痕，说明保护印刷图案的上光膜的硬度不好，使用中容易划伤或碰花。

(5) 用胶粘带撕光膜面

将胶粘带沿扣板长度方向均匀粘贴在扣板表面，板与胶粘带中尽量不留气泡，紧密贴合，粘贴长度0.5mm左右，然后将胶带迅速从板面撕下。若上光膜不被剥离，则说明扣板表面附着力较好，使用中对印刷图案保护效果好；反之，则说明扣板表面上光层附着力较差，使用时，表面光膜容易剥落。

五、拓展与提高

(一) 乳胶漆品种

1. 丝光漆

涂膜平整光滑、质感细腻、具有丝绸光泽、遮盖力高、附着力强、抗菌及防霉性能极佳、耐水耐碱性强、涂膜可刷洗、光泽持久，适用于医院、学校、宾馆、饭店等。

2. 有光漆

色泽纯正、光泽柔和、漆膜坚韧、附着力强、干燥快、防霉耐水、耐候性好、遮盖力高，是各种内墙漆的首选。

3. 高光漆

具有超群的覆盖力，坚固美观，光亮如瓷，很高的附着力，较高的防霉抗菌性能，耐刷洗，涂膜耐久不容易剥落，坚韧牢固，是高档豪华宾馆、寺庙、公寓、住宅楼、写字楼等理想的内墙装饰材料。

(二) 内墙涂料对室内环境的影响

根据内墙涂料的类型、组成及性质，能够造成室内空气质量下降并有可能影响人体健康的有害物质主要为挥发性有机化合物、游离甲醛、可溶性铅、可溶性镉、可溶性铬和可溶性汞等重金属。所以国家对室内有害物质制定了十项强制标准，从 2002 年 1 月 1 日开始发布执行。

中华人民共和国国家标准《室内装饰材料有害物质限量内墙涂料》（GB 18582—2001）规定：

①挥发性有机化合物（VOC）≤ 200g/L；

②游离甲醛≤ 0.1g/kg；

③重金属：可溶性铅≤ 90mg/kg，可溶性镉≤ 75mg/kg，可溶性铬≤ 60mg/kg；

④可溶性汞≤ 60mg/kg。

（三）住宅空间选择涂料注意事项

首先应选择不含铅、汞、苯等对人体有害的化学物质和没有刺激性气味的健康环保涂料。其表面光泽有：高光、半光、哑光、缎光、丝光等。不同功能、不同朝向的房间，所选择墙面涂料的倾向也应有所不同。客厅的色彩可用明亮、温暖、舒适的暖色调；书房的色彩适宜安静的冷色调；卧室的风格则完全由个人的喜好而定；儿童房总是倾向五彩缤纷；朝东的房间，日落较早，容易变暗，用浅暖色系为宜；朝南的房间，日照时间长，用冷色系使人感到更舒服；朝西的房间，受到强烈的落日西照，适宜深冷色。大桶的乳胶漆是 20L/ 桶或 25L/ 桶。

任务三　完成家居墙面装饰材料的识别与选购任务

一、任务描述

任务三的成果是完成对家居墙面工程施工阶段的装饰材料识别与选购的任务。墙面是空间围合的垂直组成部分，也是建筑空间内部具体的限定要素，其作用是可以划分出完全不同的空间领域。

内墙面是人最容易感觉、触摸到的部位，材料在视觉及质感上均比外墙有更强的敏锐感，对空间的视觉影像颇大，所以对内墙材料的各项技术标准有更加严格的要求。

二、任务分析

（一）任务工作量分析

家居墙面装修工程所需材料的实际提料过程是材料员对施工现场用材的一个掌握和分析过程，本施工阶段的施工内容包括：

1. 客厅背景墙制作；
2. 客厅、餐厅墙面；
3. 主卧、次卧墙面装饰；
4. 厨房、卫生间墙面贴砖；
5. 阳台墙面贴砖。

了解施工内容后，要掌握施工进度、熟知施工所需的材料，拟定提料计划单即材料品牌及价格明细表（表 2-1-4）。

墙面装饰材料（主材）品牌及价格明细表　　表 2-1-4

序号	项目名称	材料名称	单位	规格型号	品牌产地	等级	单价
1	客厅电视背景墙	木质骨架材料	m	30mm × 40mm（截面）	地产	优质	1.50
		细木工板	张	1220mm × 2440mm	凯达	E0	138.00
		石膏板	张	3000mm × 1200mm	拉法基		36.00
		壁纸	m^2	$5m^2$/ 卷	玉兰		18.00
		装饰镜子	片	900mm × 600mm			100.00
		华润漆	套	9kg	广州		220.00
2	客厅及餐厅墙面	821 腻子	袋	20kg/ 袋	美巢	优等	18.00
		墙面底漆	桶	5L	立邦		298.00
		墙面面漆	桶	15L	立邦净味		638.00
		壁 纸	m^2	$5m^2$/ 卷	圣像		390.00
3	主卧墙面	821 腻子	袋	20kg/ 袋	美巢	优等	18.00
		墙面底漆	桶	5L	立邦		298.00
		墙面面漆	桶	15L	立邦净味		638.00
		壁纸	m^2	$5m^2$/ 卷	玉兰		18.00
4	次卧墙面	821 腻子	袋	20kg/ 袋	美巢	优等	18.00
		墙面底漆	桶	5L	立邦		298.00
		墙面面漆	桶	15L	立邦净味		638.00
5	厨房墙面	墙面砖	m^2	300mm × 600mm	冠军		195.56
6	卫生间墙面	墙面砖	m^2	300mm × 480mm	冠军		174.86
7	阳台墙面	挤塑保温板	张	2400mm × 600mm	XPS		20 元 / 张
		阳台墙面砖	m^2	300mm × 480mm	冠军		174.86

（二）任务重点难点分析

依据施工现场的施工进度提出的提料计划单，到材料市场去选购。难点是如何能识别墙面装饰材料质量的优劣，重点是选购墙面装饰的主要材料，如裱糊类、隔断类、涂刷与贴砖等符合装饰要求的材料。

三、识别装饰材料的相关知识

（一）细木工板

1. 细木工板的定义与特性

细木工板俗称大芯板。其板芯由胶拼或不胶拼实木条组成，两个表面为胶贴木质单板的实心板材（图 2-1-43）。

性能与特点：

（1）细木工板握螺钉力好，强度高，具有质坚、吸声、绝热等特点，而且含水率不高，在 10% ~ 13% 之间，加工简便，用途最为广泛。

细木工板比实木板材稳定性强，但怕潮湿，施工中应注意避免用在厨卫空间。

(2) 芯材采用优质木材，进口设备拼制，工艺精细，板面平整，任何方向开锯均无缝隙。

(3) 采用优质高强环保树脂胶，粘接牢固，胶合强度高，甲醛释放量低。

细木工板的种类：细木工板按结构不同，可分为芯板条不胶拼的和芯板条胶拼的两种；按表面加工状况，可分为一面砂光、两面砂光和不砂光三种；按所使用的胶合剂不同，可分为I类胶细木工板、II类胶细木工板两种；按面板的材质和加工工艺质量不同，可分为一、二、三等三个等级；按甲醛释放量可分为E0、E1、E2。E0级甲醛释放量小于0.5mg/L，E1级甲醛释放量小于1.5mg/L，适用于室内，E2级甲醛释放量大于1.5mg/L，适用于室外。

图 2-1-43　细木工板

2. 细木工板的应用

用途：家具、门窗及套、隔断、造型墙、假墙、暖气罩、窗帘盒等（图 2-1-44）。尺寸规格：2440mm×1220mm，厚度分别有16、19、22、25mm。

图 2-1-44　细木工板家具

(二) 陶瓷墙面砖

陶瓷通常是指以黏土为主要原料，经原料处理、成型、焙烧而成的无机非金属材料。

陶瓷制品根据烧制程度，可分为陶器、瓷器、炻器三大类。

陶器：其烧结程度较低。由陶土烧制而成的釉面砖吸水率较高，强度低，背面为红色，断面粗糙无光，不透明。陶器制品可施釉，也可不施釉，分粗陶与精陶两种。其中以施釉白色陶质砖即釉面内墙砖应用最为普遍。

瓷器：胚体致密，烧结强度高。由瓷土烧制而成的釉面砖吸水率较低，强度较高，背面为灰白色，有一定的透光性，通常都施釉。它有粗瓷和细瓷之分。现今主要用于墙地面铺设的是瓷质釉面砖，质地紧密，美观耐用，易于保洁，孔隙率小，膨胀不显著。

炻器：是介于陶器和瓷器之间的一类陶瓷制品，也称为半瓷器或石炻器。炻器按其胚体的致密程度不同，分为粗炻器和细炻器两类。

陶瓷墙面砖包括釉面砖、玻化砖、渗花砖和劈离砖。通常在室内墙面的装修中釉面砖是用得最多的一种砖。

1. 釉面砖

(1) 釉面砖的定义与特点

釉面砖是以黏土或高岭土为主要原料，加入一定的助溶剂，经过研磨、烘干、铸模、施釉、烧结成型的陶质制品。通常釉面砖是由砖的胚体和表面的釉层两个部分构成，按施釉的程度情况可以分为亮光和哑光两种。

图 2-1-45　亮光釉面

釉面砖一般不宜用于室外，因为它是多孔的精陶制品，吸水率较大，吸水后会产生湿胀现象，其釉层湿胀性很小，如果用于室外，长期与空气接触，特别是在潮湿的环境中使用，就会吸收水分产生湿胀，其湿胀应力大于釉层的抗张应力时，釉层就会产生裂纹，经过多次冻融后釉层还会出现脱落现象，所以釉面砖只能用于室内，不宜用于室外，以免影响建筑装饰效果。

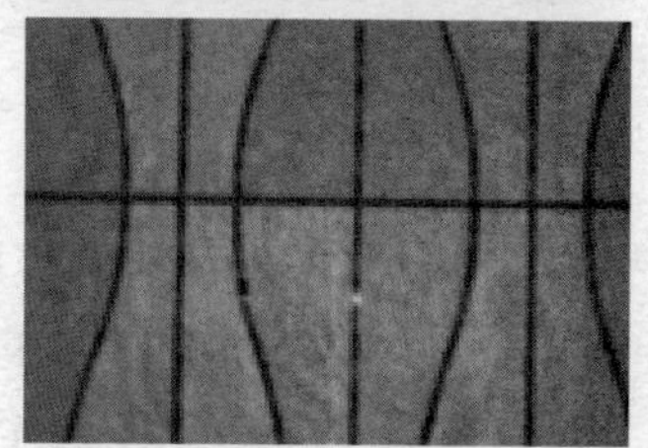

图 2-1-46　哑光釉面

由于陶瓷釉面的原材料开采于地壳深处，仅覆于岩石上，因此也会沾染地壳岩石的放射性物质，具有一定的放射性。不合标准的劣质瓷砖的危害性甚至要大于天然石材。

釉面砖的种类和特点见表 2-1-5，按施釉的程度可分为：

1）亮光釉面砖，适合于营造“干净” 的效果（图 2-1-45）。

2）哑光釉面砖，适合于营造“时尚”的效果（图 2-1-46）。

釉面砖的种类和特点　　表 2-1-5

种类		特　点	代号
白色釉面砖		色纯白，釉面光亮，镶于墙面，清洁大方	FJ
彩色釉面砖	有光彩色釉面砖	釉面光亮晶莹，色彩丰富雅致	YG
	无光彩色釉面砖	釉面半无光，不晃眼，色泽一致，色调柔和	SHG
装饰釉面砖	花釉砖	系在同一砖上，施以多种彩釉，经高温烧成。色釉相互渗透，花纹千姿百态，有良好装饰效果	HY
	结晶釉砖	晶花辉映，纹理多姿	JJ
	斑纹釉砖	斑纹釉面，丰富多彩	B W
	大理石釉砖	具有天然大理石花纹，颜色丰富，美观大方	LSH
图案砖	白地图案砖	系在白色釉面砖上装饰各种彩色图案，经高温烧成。纹样清晰，色彩明朗，清洁优美	BT
	色地图案砖	系在有光(YG)或无光(SHG)彩色釉面砖上，装饰各种图案，经高温烧成。产生浮雕、缎光、绒毛、彩漆等效果。做内墙饰面，别具风格	YCT D-Y CTS HCT
瓷砖画及色釉陶瓷字	瓷砖画	以各种釉面砖拼成各种瓷砖画，或根据已有画稿烧成釉面砖拼成各种瓷砖画，清洁优美，永不褪色	
	色釉陶瓷字	以各种色釉、瓷土烧制而成，色彩丰富，光亮美观，永不褪色	

图 2-1-47　套砖系列

图 2-1-48　套砖效果图

(2) 釉面砖的应用

釉面砖主要用于厨房、浴室、卫生间、实验室、精密仪器车间及医院等室内墙面、台面部位，具有易清洁、美观耐用、耐酸耐碱等特点。市场上销售的陶瓷釉面砖色彩丰富，呈套型系列（图 2-1-47、图 2-1-48）。

墙面砖规格一般为（长 × 宽 × 厚）200mm × 200mm × 5mm、200mm × 300mm × 5mm、250mm × 330mm × 6mm、300mm × 450mm × 6mm 等，高档墙面砖还配有相当规格的腰线砖、踢脚线砖、顶脚线砖等，均施有彩釉装饰，且价格较高。

陶瓷墙地砖铺贴用量换算方法：以每 1m 为例：长宽为 200mm × 200mm 需 25 块；200mm × 300mm 需 16.7 块；250mm × 330mm 需 12.2 块；330mm × 500mm 需 8.1 块；300mm × 600mm 需 5.6 块(图 2-1-49)。在铺贴时遇到边角需要裁切，需计入损耗。

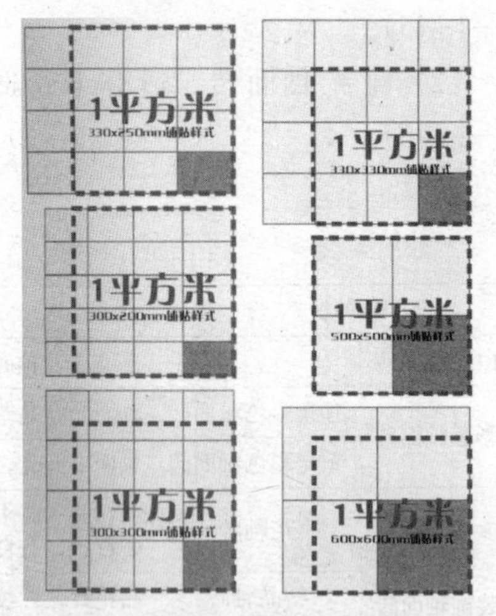

图 2-1-49　不同规格铺贴样式

图 2-1-50 陶瓷锦砖贴墙

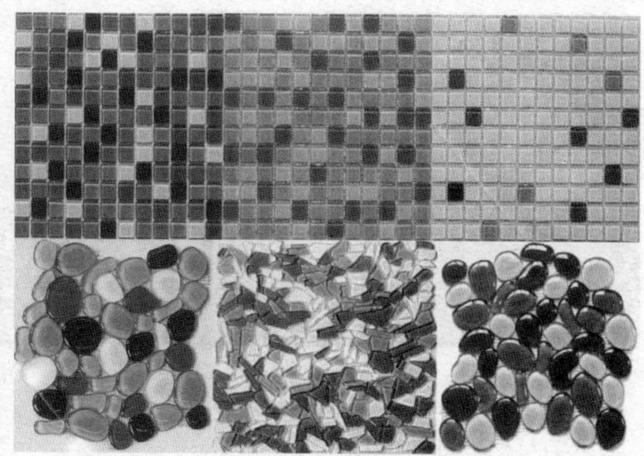

图 2-1-51 玻璃锦砖样式

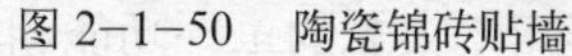

2. 陶瓷锦砖

(1) 陶瓷锦砖的定义与特性

陶瓷锦砖又称马赛克，一般由数十块小砖拼贴而成，小陶砖形态多样，有方形、矩形、六角形、斜条形等，形状小巧玲珑，具有防滑耐磨、不吸水、耐酸碱、抗腐蚀、色彩丰富等特点（图 2-1-50）。

1）陶瓷锦砖

陶瓷锦砖是最传统的一种马赛克是采用优质瓷土烧制而成的小块砖，贴于牛皮纸上，亦称陶瓷锦砖。陶瓷锦砖分无釉、有釉两种，以小巧玲珑著称，色彩图案较丰富。

2）玻璃锦砖

玻璃锦砖的主要成分是硅酸盐、玻璃粉等，在高温下熔化烧结而成，它耐酸碱、耐腐蚀、不褪色。玻璃锦砖的色彩斑斓（图 2-1-51）。它依据玻璃的品种不同，又分为几个小品种：

①熔融玻璃锦砖：是以硅酸盐等为主要原料，在高温下熔化成型并呈乳浊或半乳浊状，内含少量气泡和未熔颗粒的玻璃马赛克。

②烧结玻璃锦砖：是以玻璃粉为主要原料，加入适量粘结剂等压制成一定规格尺寸的生坯；在~定温度下烧结而成的玻璃马赛克。

③金星玻璃锦砖：是内含少量气泡和一定量的金属结晶颗粒，具有明显遇光闪烁现象的玻璃锦砖。

市场上还有五花八门的名称，但无论其称呼如何，基本上都可以划入上述品种之一。

(2) 陶瓷锦砖的应用

陶瓷锦砖被广泛用于卫生间、厨房、走廊游泳馆等墙地面铺设。常用规格有(长 × 宽) 20mm × 20mm、25mm × 25mm、30mm × 30mm，厚度 4 ~ 4.3mm。

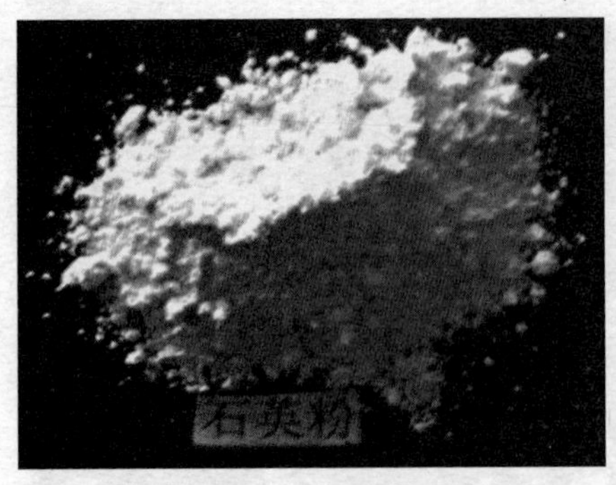

图 2-1-52　石英粉

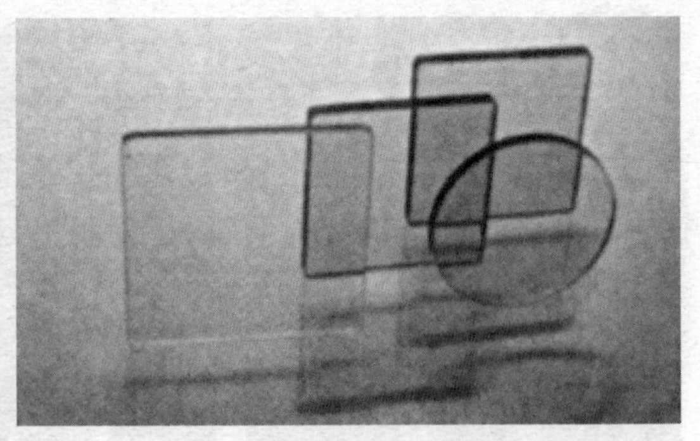

图 2-1-53　平板玻璃

（三）玻璃饰面材料

在建筑装饰行业迅速发展的时代，玻璃由过去主要用于采光的单一功能朝着装饰、隔热、保温等多功能方向发展，玻璃已经成为一种重要的装饰材料。目前用在装饰领域的玻璃品种主要有：平板玻璃、磨砂玻璃、压花玻璃、雕花玻璃、彩釉玻璃、钢化玻璃、夹层玻璃、中空玻璃。玻璃是以石英（图 2-1-52）、纯碱、长石、石灰石等物质为主要材料，在 1550 ~ 1600℃高温下熔融、成型，经急冷制成的固体材料。若在玻璃的原料中加入辅助材料，或采取特殊的工艺处理，则可以生产出具有各种特殊性能的玻璃。普通玻璃的实际密度为 2.45 ~ 2.55g/cm^3，密实度高，孔隙率接近为零。

1. 平板玻璃

（1）平板玻璃的定义与特点

平板玻璃又称为白片玻璃或净片玻璃（图 2-1-53），是未经过加工的，表面平整而光滑、具有高度透明性能的板状玻璃的总称，是装饰工程中用量最大的玻璃品种，可以进一步加工，成为各种技术玻璃的基础材料。目前生产平板玻璃主要工艺有引拉法技术和浮法技术。引拉法技术生产的玻璃存在一定的质量问题，现在用得最多的是浮法玻璃工艺生产的玻璃。浮法玻璃就是把熔融好的玻璃液浮在锡槽上自由摊平经冷却后加工而成的。其最大的特点是表面平整光洁，光学畸变小。浮法玻璃的技术应用广，质量稳定，产量大，生产的玻璃一般不小于 1000mm × 1200mm，最大可达 3000mm × 4000mm，厚度有 0.5 ~ 25mm 多种，其可见光线反射率在 7%左右，透光率在 82%～ 90%之间。

（2）平板玻璃的应用

普通平板玻璃在室内装饰领域主要用于装饰品陈列、家具构造、门窗等部位，起到透光、挡风和保温作用。平板玻璃要求无色，并具有较好的透明度，表面应光滑平整，无缺陷。平板玻璃一般可加工成各种装饰玻璃。

2. 压花玻璃

（1）压花玻璃的定义与特点

压花玻璃又称为花纹玻璃或滚花玻璃，是采用压延方法制造的一种玻璃，将熔融的玻璃液在冷却中通过带图案花纹的辊轴辊压制成，制造工艺分为单辊法和双辊法。经过喷涂处理的压花玻璃可呈浅黄色、浅蓝色、橄榄色等。压花玻璃分为普通压花玻璃、真空镀膜压花玻璃和彩色膜压花玻璃。

压花玻璃的性能基本与磨砂玻璃相同，都有透光不透视的特点。其表面压有各种图案花纹，所以具有良好的装饰性，给人素雅清新、富丽堂皇的感觉，并具有隐私的屏护作用和一定的透视装饰效果。压花玻璃规格尺寸从 300mm × 900mm 到 1600mm × 900mm 不等，厚度一般只有 3mm 和 5mm 两种。

（2）压花玻璃的应用

压花玻璃的形式很多，目前不少厂商还在推出新的花纹图案，甚至在压花的效果上进行喷砂、烤漆、钢化处理，效果特异（图 2–1–54），价格也根据不同图案高低不齐。

压花玻璃以 5mm 厚度为主要规格，用于玻璃柜门、卫生间门窗、办公室隔断等部位，在用于室内外分隔的部位时，应该加上边框保护，压花面一般向内，可以减少污染，便于清洁。

（四）壁纸

1. 塑料壁纸的定义与特性

壁纸在装饰材料中属于成品材料，又称为软材料。目前市场上比较流行的产品类型主要有塑料壁纸、纺织壁纸、天然壁纸、静电植绒壁纸、金属膜壁纸、玻璃纤维壁纸、液体壁纸、特种壁纸等。用的比较广泛的是塑料壁纸。

图 2–1–54　压花玻璃

图 2–1–55　塑料壁纸

塑料壁纸是目前生产最多、销售最快的一种壁纸，它是以纸为基层，以聚氯乙烯塑料（简称 PVC 树脂）为面层，经过印刷、压花、发泡等工序加工而成的（图 2–1–55）。

塑料壁纸品种繁多，色泽丰富，图案变化多端，有仿木纹、石纹、锦缎纹的，也有仿瓷砖等，在视觉上可达到以假乱真的效果。

塑料壁纸的规格有以下几种：窄幅小卷的宽 530 ~ 600mm，长 10 ~ 12m，每卷可以铺贴 5 ~ 6m^2；中幅中卷的宽 760 ~ 900mm，长 25 ~ 50m，每卷可以铺贴 20 ~ 45m^2；宽幅大卷的宽 920 ~ 1200mm，长 50m，每卷可以铺贴 40 ~ 50m^2。

塑料壁纸的特点：塑料壁纸有一定的抗拉强度，耐湿性、伸缩性、韧性、耐磨性、耐酸碱性好，吸声隔热，图案丰富，施工方便。

2. 塑料壁纸的应用

塑料壁纸一直是中高档室内装饰装修的材料，适用于中高档的宾馆、酒店和娱乐场所，在现代生活中受到广泛应用（图 2–1–56）。

图 2–1–56　壁纸的应用

四、选购装饰材料的相关技能

（一）细木工板（图 2–1–57）的选购方法

一“查”。先查看标志是否齐全，是否有商标和生产厂家以及质量等级。一些知名厂家还附上了生产地址、监督电话及防伪标识。再查看质量检测报告，同时要注意鉴别报告的真伪，看是否为国家法定的检验机构出具的，是否为近期检验结果。

二“听”。掂起板子，听是否有“嘎吱”声，有则说明板子胶合不好。 用手指或小木条轻轻敲击板面，内部如有空洞，其声音会与别处不同。

三“看”。看外观：正规品牌板面光滑、均匀、平整，周边经过防变形处理，颜色略深，带黄灰色。劣质板一般用特别白、特别新鲜的边料掩饰其质量的不足，甚至用涂料将四周全部涂白（或涂成其他颜色），由于涂层覆盖了木材的纹理，很容易识别。看内部：有条件的话，最好将板子锯开观察断面，看内部芯条是否均匀整齐，有无裂缝；粘接是否牢固，有无松动；芯条质量是否合格，有无腐朽、断裂、虫蛀等。

图 2-1-57　细木工板标识

四“闻”。板子是否有刺激性气味，是否强烈。如感到有强烈的刺鼻味，并伴有流眼泪、喉咙发痒、咳嗽等不适现象，说明板子甲醛释放量超标，最好就不要购买。优质木芯板带有绿色木芯板识别标签。

优质细木工板与劣质细木工板的对比识别：

（1）优质细木工板俗称“机拼细木工板”，芯条应无腐朽、断裂、虫孔等，成板胶合强度高，中板厚且均匀，成品后成一直线，面皮颜色绚亮无污点，裂缝极少，板面双面砂光，平滑干净，产品绿色环保，可直接用于室内装饰，成品板厚度为 17.5mm。

图 2-1-58　劣质细木工板

（2）劣质细木工板（图 2-1-58）中间芯板由不等宽的小木条组成，俗称“侧压”板，“手拼”板。由旧松木、旧杨木、本地杨木、朽木、树根组成，木条颜色发黑且之间缝隙大，有锯末、树皮，易变形，筋板厚度不均匀，板面凹凸，有脏污，成品板厚度为 16mm 左右，甲醛释放量高，不能用于室内装饰。

（二）陶瓷墙面砖的选购方法

1. 釉面砖

釉面砖主要通过釉面的好坏来决定质量。釉面均匀、平整、光洁、亮丽、色彩一致者为上品：表面有颗粒、不光洁、颜色深浅不一，厚薄不均，甚至凹凸不平、呈云絮状者为次品。另外，光泽釉应晶莹亮泽；无光釉则应柔和、舒适。

具体方法：

（1）等级标识

釉面砖分为五个等级，即优等品、一等品、二等品、三等品和等外品，因价差较大，需认真比较。

另外，在选购时，还要注意釉面砖与包装箱上标识和规格、色号是否一致，产品合格证、商标和质检标签是否清晰。

(2) 规格尺寸

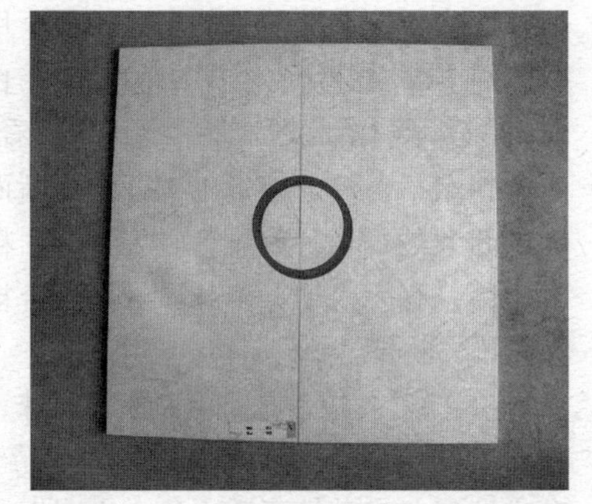

图 2-1-59 劣质釉面砖平放有缝隙

规范和尺寸，不仅利于施工，更能体现装饰效果。好的釉面砖尺寸偏差小，铺贴后整齐划一，砖缝平直，装饰效果良好。尺寸误差大于 0.5mm、平整度大于 0.1mm 的产品，不仅会增加施工的难度，同时装修后的效果也差。

尺寸是否符合标准可以通过目测来判断。将砖置于平整面上，看其四边是否与平整面完全吻合（图 2-1-59），同时，看釉面砖的四个角是否均为直角。好釉面砖无凹凸、鼓突、翘角等缺陷，边长的误差不超过 0.2 ~ 0.3mm，厚薄的误差不超过 0.1mm。

(3) 图案

好的釉面砖花纹、图案色泽清晰一致，工艺细腻精致，无明显漏色、错位、断线或深浅不一致现象。

(4) 色差

釉面砖的色差，直接关系到装修效果。不是一个批次的产品，或同一批次的产品都可能产生色差，因此，在选购过程中，对每个包装的产品都要抽样对比，将瓷砖置于同一品种及同一型号的砖中，观察其色差程度：好的产品色差很小，产品之间色调基本一致、色泽鲜艳均匀，光彩照人；而差的产品色差较大，产品之间色调深浅不一。

(5) 釉面

釉面砖主要通过釉面的好坏来决定质量。釉面均匀、平整、光洁、亮丽、色彩一致者为上品；表面有颗粒、不光洁、颜色深浅不一，厚薄不均，甚至凹凸不平、呈云絮状者为次品。

釉面砖以硬度良好，韧性强、不易破碎为上品，可以通过“看”、“听”、“掂”来进行判别。

图 2-1-60 用手敲击釉面砖

看：观察釉面砖的残片，如果其断裂处结构细密、色泽一致且不含颗粒物，则该釉面砖为上品。

听：用手轻击瓷砖中下部，如声音清脆、悦耳，说明该产品经比较坚硬，为上品；若声音沉闷、滞浊，表明烧结度不够，质地比较差（图 2-1-60）。

掂：掂其重量，如果有重量感说明密实而质量好。

(6) 吸水性

质量好的釉面砖铺贴后，长时间不龟裂、不变形、不吸污，这些都取决于吸水性，可以通过简单的方法测试出。将墨水滴在产品背后，看墨水是否自动散开。一般来说墨水散开速度越慢，其密度越大，吸水率越小，内在品质越优，产品经久性越好；反之，则说明密度稀疏，产品经久性较差。

(7) 防滑性

釉面砖的防滑性是很重要的，一般在卫生间和厨房等需与水接触的地方，都应当选用具有防滑性功能的釉面砖。在釉面砖上洒一点水，用脚轻轻擦拭，感觉越涩，防滑性越好。

2. 陶瓷锦砖

(1) 规格齐整。要注意颗粒之间是否同等规格、每片大小是否都一样；每个颗粒边沿是否整齐；将单片陶瓷锦砖置于水平地面检验是否平整；单片陶瓷锦砖背面是否有太厚的乳胶层。

(2) 工艺严谨。首先是摸釉面，可以感觉其防滑度；然后看厚度，厚度决定密度，密度高才能吸水率低；最后看质地，内层中间打釉通常是品质好的马赛克。

(3) 吸水率低。这是保证陶瓷锦砖持久耐用的要素，所以还要检验吸水率，把水滴到陶瓷锦砖的背面，水滴能往外溢的质量好，往下渗透的则质量差。

(三) 壁纸的选购方法

壁纸的选购要根据不同消费者的性格喜好来具体确定，同时也要考虑经济成本，可以四面都贴壁纸，也可以只贴一面墙，作点亮装饰。

1. 色彩及款式的选择

在壁纸专卖店参观时，可先向商家索取一块壁纸贴在家中墙壁上试一试，试验的样品面积越大越好，这样容易看出贴好后的效果。

壁纸的颜色一般分为暖色和冷色，暖色以橘红、橘黄为主，冷色以蓝、绿、灰为主（图 2-1-61）。壁纸的色调与家具、窗帘、地毯、灯光相配衬，室内环境就会显得和谐统一。对于卧房、客厅、餐厅等不同的功能区，最好选择不同的墙纸，以达到与家具和谐的效果。如深暗及明快的颜色适宜用在餐厅和客厅；冷清及亮度较低的颜色适宜用在卧室及书房；面积小或光线暗的房间，宜选择图案较小的壁纸。

2. 注意产品质量

在购买时，要确定所购的每一卷壁纸都是同一批货，壁纸的卷、箱包装上应注明生产厂名、商标、产品名称、规格尺寸、等级、生产日期、批号、可拭性或可洗性符号等。

图 2-1-61　冷色壁纸装饰

壁纸运输时应防止重压、碰撞及日晒雨淋，应轻装轻放，严禁从高处扔下。壁纸应贮存在清洁、荫凉、干燥的库房内，堆放应整齐，不得靠近热源，保持包装完整，裱糊前才可以拆开包装。

在使用前务必将每一卷壁纸都摊开检查，看看是否有残缺之处。尽管是同一编号的壁纸，但由于生产日期不同，颜色上便有可能出现细微差异，而每卷壁纸上的批号即代表同一种颜色，所以在购买时还要注意每卷壁纸的编号及批号是否相同。

3. 壁纸用量的估算

购买壁纸前可以估算一下用量，以便买足同批号的壁纸，减少不必要的麻烦，同时也避免浪费。壁纸的用量用下面的公式计算如上所示：

$$壁纸用量（卷）=房间周长\times房间高度\times(100+K)\%$$

式中，K− 壁纸的损耗率，一般为 3 ~ 10。K 值的大小与下列因素有关：

1）大图案比小图案的利用率低，K 值略大；需要对花的壁纸图案比不需要对花图案的壁纸利用率低，K 值略大；竖排列图案的壁纸比横向排列图案的壁纸利用率低，K 值略大。

2）裱糊面复杂的墙壁要比裱糊平整的壁纸用量多，K 值高。

3）拼接缝壁纸利用率高，K 值最小，重叠裁切拼缝壁纸利用率最低，K 值最大。

五、拓展与提高

（一）装饰玻璃

1. 磨砂玻璃

（1）磨砂玻璃的定义与特点

磨砂玻璃是在平板玻璃的基础上加工而成的，一般使用机械喷砂或手工碾磨，也可使用氟酸溶蚀等方法，将玻璃表面处理成均匀毛面。具有表面朦胧、雅致，透光不透视的特点，能使室内光线柔和不刺眼（图 2−1−62）。磨砂玻璃在生产中以喷砂技术最为常见，所形成的最终产品又称为喷砂玻璃（图 2−1−63），是采用压缩空气为动力，以形成高速喷射束将玻璃砂喷涂到普通玻璃表面。其中单面喷砂质量要求均匀，价格比双面喷砂玻璃高。

图 2−1−62　磨砂玻璃灯箱

图 2−1−63　喷砂玻璃杯

(2) 磨砂玻璃的应用

磨砂玻璃有多种规格，可以根据室内使用环境现场加工。主要用于玻璃屏风、梭拉门、柜门，卫生间门窗、办公室隔断等，也可以用于黑板及装饰灯罩。

2. 雕花玻璃

(1) 雕花玻璃的定义与特点

雕花玻璃又称为雕刻玻璃，是在普通平板玻璃上，用机械或化学方法雕刻出图案或花纹的玻璃。雕花图案透光不透视，有立体感，层次分明，效果高雅。雕花玻璃一般根据图样订制加工，常用厚度为3、5、6mm，尺寸从150mm×150mm到2500mm×1800mm不等（图2-1-64）。雕花玻璃分为人工雕刻和电脑雕刻两种，其中人工雕刻是利用娴熟刀法的深浅与转折配合，能表现出玻璃的质感，使所绘图案予人呼之欲出的感受；电脑雕刻又分为机械雕刻和激光雕刻，其中激光雕刻的花纹细腻，层次丰富。

图2-1-64　雕花玻璃

(2) 雕花玻璃的应用

雕花玻璃一般用于宾馆、酒店大堂的门窗和背景墙装饰，可以配合喷砂效果来处理，图形、图案丰富。而在家居装修中，雕花玻璃更显品位，所绘图案一般都具有个性“创意”，能够反映居室主人的情趣所在和对艺术的追求。

3. 彩釉玻璃

(1) 彩釉玻璃的定义与特点

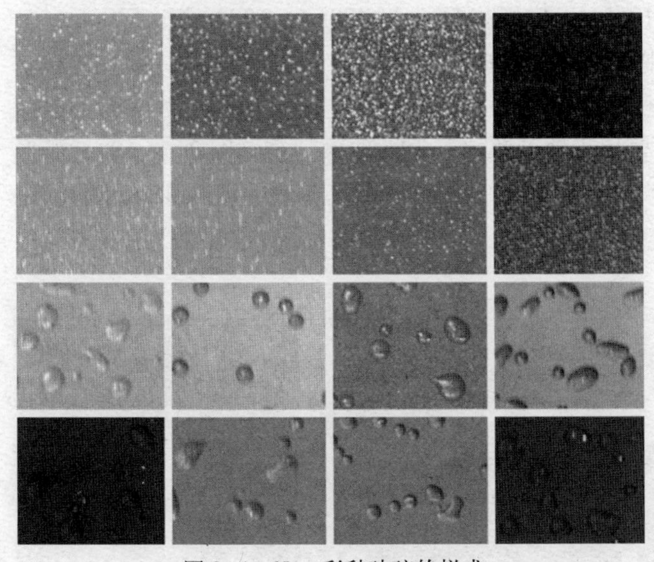
图2-1-65　彩釉玻璃的样式

彩釉玻璃是在玻璃表面涂敷一层易熔性色釉，然后加热到釉料熔化的温度，使釉层与玻璃表面牢固地结合在一起所制成的玻璃装饰材料。它采用的玻璃基板一般为平板玻璃和压花玻璃，厚度一般为5mm（图2-1-65）。

彩釉玻璃釉面永不脱落，色泽及光彩保持常新，背面涂层能抗腐蚀，抗真菌，抗霉变，抗紫外线，能耐酸、耐碱、耐热，不老化，防水，更能不受温度和天气变化的影响。它可以做成透明彩釉、聚晶彩釉和不透明彩釉等品种。颜色鲜艳，个性化选择余地大，超过上百余种可供挑选。

图 2–1–66　烤漆玻璃电视柜

目前，市面上还出现了烤漆玻璃（图 2–1–66），工艺原理与彩釉相同，但漆面较薄，容易脱落，价格相对较低。

（2）彩釉玻璃的应用

彩釉玻璃以压花形态的居多，一般用于室内装饰背景墙或家具构造局部点缀，价格根据花形、色彩品种不等，但整体较高，适合小范围使用。

4．钢化玻璃

（1）钢化玻璃的定义与特点

钢化玻璃又称为安全玻璃，它是采用普通平板玻璃通过加热到一定温度后再迅速冷却的方法进行特殊处理而成的玻璃。钢化玻璃特性是强度高，其抗弯曲强度、耐冲击强度比普通平板玻璃高 4 ~ 5 倍，热稳定性好，表面光洁、透明，能耐酸、耐碱，可切割。在遇超强冲击破坏时，碎片呈分散细小颗粒状，无尖锐棱角（见图 2–1–67），因此称安全玻璃。

钢化玻璃的生产工艺有两种：一种是将普通平板玻璃用淬火法或风冷淬火法加工处理；另一种是将普通平板玻璃通过离子交换方法，将玻璃表面成分改变，使玻璃表面形成压应力层，以增加抗压强度。

钢化玻璃在回炉钢化的同时可制成曲面玻璃（图 2–1–68）、吸热玻璃等。钢化玻璃一般厚度为 5 ~ 12mm。其规格尺寸为 400mm × 900mm、500mm × 1200mm，价格一般是同等规格普通平板玻璃的两倍。

（2）钢化玻璃的应用

钢化玻璃用途很多，主要用于玻璃幕墙，无框玻璃门窗（图 2–1–69），弧形玻璃家具等方面，目前厚度 8mm 以上的一般都是钢化玻璃，10 ~ 12mm 的钢化玻璃使用最多（图 2–1–70）。

图 2–1–67　钢化玻璃

图 2–1–68　曲面玻璃

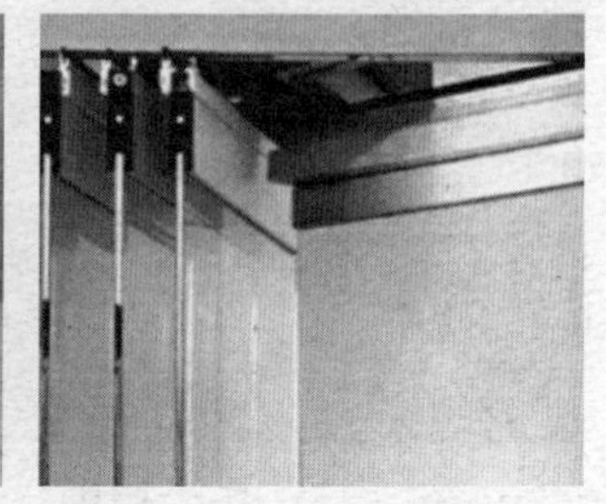
图 2–1–69　无框玻璃窗

图 2-1-70　钢化玻璃的应用

5. 夹层玻璃

(1) 夹层玻璃的定义与特点

夹层玻璃也是一种安全玻璃，它是在两片或多片平板玻璃之间，嵌夹透明塑料薄片，再经过热压黏合而成的平面或弯曲的复合玻璃制品（图 2-1-71）。

夹层玻璃的主要特性是安全性好，一般采用钢化玻璃，破碎时玻璃碎片不零落飞散，只能产生辐射状裂纹，不至于伤人。抗冲击强度优于普通平板玻璃，防范性好，并有耐光、耐热、耐湿、耐寒、隔声等特殊功能。

夹层玻璃属于复合材料，可以使用钢化玻璃、彩釉玻璃（图 2-1-72）来加工，甚至在中间夹上碎裂的玻璃（图 2-1-73），形成不同的装饰形态。复合材料类的夹层玻璃具有可设计性，即可以根据性能要求，自主设计或构造某种新的使用形式，如隔声夹层玻璃、防紫外线夹层玻璃、遮阳夹层玻璃、电热夹层玻璃、金属丝夹层玻璃、吸热夹层玻璃、防弹夹层玻璃等品种。

图 2-1-71　夹层玻璃

图 2-1-72　彩釉夹层玻璃

图 2-1-73　碎裂纹夹层玻璃

夹层玻璃的厚度根据品种不同，一般为8 ~ 25mm，规格为800mm × 1000mm、850mm × 1800mm。

（2）夹层玻璃的应用

夹层玻璃多用于与室外接壤的门窗、幕墙，起到隔声、保温的作用，也可以用在有防爆、防弹要求的汽车、火车、飞机等运输工具上的门窗玻璃，近几年广泛应用于高层建筑、银行等门窗玻璃场合。

图 2-1-74 中空玻璃

6．中空玻璃

（1）中空玻璃的定义与特点

中空玻璃是由两片或多片平板玻璃构成，用边框隔开，四周用胶接、焊接或熔接的方式密封，中间充入干燥空气或其他惰性气体的一种玻璃（图 2-1-74）。

中空玻璃还可以制成不同颜色的产品，或在室内外镀上具有不同性能的薄膜，整体拼装在工厂完成。玻璃采用的平板原片，有透明玻璃、彩色玻璃、防阳光玻璃、镜片反射玻璃、夹丝玻璃、钢化玻璃等。

玻璃片中间留有空腔，因此具有良好的保温、隔热、隔声等性能。如在空腔中充以各种漫射光线的材料或介质，则可获得更好的声控、光控、隔热等效果（图 2-1-75）。

（2）中空玻璃的应用

中空玻璃在装饰施工中需要预先订制生产，主要用于公共空间，以及需要采暖、空调、防噪、防露的住宅（图 2-1-76），其光学性能、导热系数、隔声系数均应符合国家标准。

图 2-1-75 中空玻璃空腔

图 2-1-76 中空玻璃住宅

7．玻璃砖

（1）玻璃砖的定义与特点

玻璃砖又称特厚玻璃，有空心砖和实心砖两种，其中空心砖使用最多，通常是由两块凹形玻璃相对熔接或胶接而成的一个整体砖块（图 2-1-77），有单孔和双孔两种，内侧面有各种不同的花纹，赋予它特殊的柔光性。

图 2–1–77　空心玻璃砖

玻璃砖按光学性质分，有透明型、雾面型、纹路型玻璃砖；按形状分，有正方形、矩形和各种异形玻璃砖；按尺寸分，边长一般有 145、195、250、300mm 等规格。

（2）玻璃砖的应用

空心玻璃砖是一种新型的室内装饰材料，具有隔声、防噪、隔热、保温的效果，并且利用该玻璃的花纹和颜色可以达到装饰艺术效果和各种功能性效果，一般可以用于砌筑透光性较强的墙壁、隔断、淋浴间等（图 2–1–78）。

选购玻璃砖时，主要是检查平整度，观察有无气泡、夹杂物、划伤、线道和雾斑等质量缺陷，外观不允许有裂纹、熔接及胶接不良。玻璃砖的外表面里凹程度应小于 1mm，外凸程度应小于 2mm，重量应符合质量标准，无表面翘曲、缺口、毛刺等质量缺陷，角度要方正。玻璃砖施工便利，一次施工，两面墙体都完成，辅助材料只需水泥、砂浆即可。

（二）壁纸

1. 纺织壁纸

纺织壁纸是壁纸中较高级的品种，主要是用丝、羊毛、棉、麻等纤维织成，质感佳、透气性好，用它装饰居室，给人以高雅、柔和、舒适的感觉（图 2–1–79），棉纺壁纸就是纺织壁纸的一种。

2. 液体壁纸

液体壁纸是一种新型的艺术装饰涂料，为液态桶装，通过专用的模具（图 2–1–80），可以在墙面上做出风格各异的图案（图 2–1–81）。该产品主要取材于天然贝壳类生物壳体表层，黏合剂也选用无毒、无害的有机胶体，是真正的天然、环保产品。液体壁纸不仅克服了乳胶漆色彩单一、无层次感及墙纸易变色、翘边、

图 2–1–78　玻璃砖隔墙

图 2–1–79　纺织壁纸

图 2-1-80　液体壁纸模具

图 2-1-81　液体壁纸图案

起泡、有接缝、寿命短的缺点，而且具备乳胶漆易施工、寿命长和普通壁纸图案精美的优点，是集乳胶漆与墙纸的优点于一身的高科技产品。

近几年液体壁纸产品开始在市场流行，装饰效果非常好，受到众多消费者的喜爱，成为墙面装饰的新宠。

此外，还有防污灭菌壁纸、健康壁纸等。在这众多的壁纸中，按国家环保规定，凡是以纸为基材、通过粘结剂贴于墙面或顶棚的（不含墙挂、墙毡等装饰品），其有害物质含量必须在国家环保法规规定的限量范围内。

（三）人造饰面板材

1. 胶合板

（1）胶合板的定义与特性

胶合板又称夹板（图 2-1-82），是将椴木、桦木、榉木、水曲柳、楠木、杨木等原木经蒸煮软化后，沿年轮旋切或刨切成大张单板，这些多层单板通过干燥后纵横交错排列，使相邻两单板的纤维相互垂直，再经加热胶压而成的一种人造板材。

图 2-1-82　胶合板

为消除木材各向异性的缺点，增加强度，制作胶合板时单板的厚度、树种、含水率、木纹方向及制作方法都应该相同。层数一般为奇数，如三、五、七、九、十一合板等，以使各种内应力平衡。常用规格为（长 × 宽）2440mm × 1220mm，厚度分别为 3、5、7、9、12、18、22mm。胶合板外观平整美观，幅面大，收缩性小，可以弯曲，并能任意加工成各种形态。

胶合板一般分为四个等级：一级胶合板为耐气候、耐沸水胶合板，有耐久、耐高温等优点；二级胶合板为耐水胶合板，能在冷水中或短时间热水中浸渍；三级胶合板为防潮胶合板，能在冷水中短时间浸渍；四级胶合板为不防潮胶合板，为一般用途所使用。

(2) 胶合板的应用

胶合板主要用于室内装饰装修中木质制品的衬板、底板，由于厚薄尺度多样，质地柔韧、易弯曲，也可以配合木芯板用于结构细腻处，弥补了木芯厚度均匀的缺陷。胶合板使用广泛，可以制作隔墙、弧形天花、装饰门面板及家具的衬板等构造。

2. 微薄木饰面板

(1) 微薄木饰面板的定义与特性

微薄木饰面板是胶合板的一种，是新型的高级装饰材料。是利用珍贵木料精密刨切制成厚度为 0.2 ~ 0.5mm 的微薄木片，再以胶合板为基层，采用胶粘剂粘接制成，规格为（长 × 宽 × 厚）2440mm × 1220mm × 3.5mm（图 2-1-83）。

微薄木饰面板一般分为天然板和科技板两种：天然薄木贴面板采用名贵木材，如枫木、榉木、橡木、胡桃木、樱桃木、影木等，经过热水处理后刨切或半圆旋切而成，压合并粘接在胶合板上，纹理清晰，质地真实。科技板则为人工机械印刷品，易褪色、变色，但是价格较低，也有很大的市场需求量。

(2) 微薄木饰面板的应用

微薄木饰面板具有花纹美丽、种类繁多（图 2-1-84），装饰性好、立体感强的特点，用于室内装饰装修中家具及木制构件的外饰面，涂饰油漆后效果更佳。

市场上所销售的天然板为优质天然木皮，价格较高，每张板材 80 ~ 300 元不等；而科技板每张板材 30 ~ 60 元不等。选购时可使用砂纸轻轻打磨边角，观测是否褪色或变色，即可鉴定该贴面板的质量。

(3) 胶合板的选购方法

1) 胶合板选购时应列好材料清单，由于规格、厚度不同，所使用的部位也不同，要避免浪费。

图 2-1-83　薄木饰面板(一)

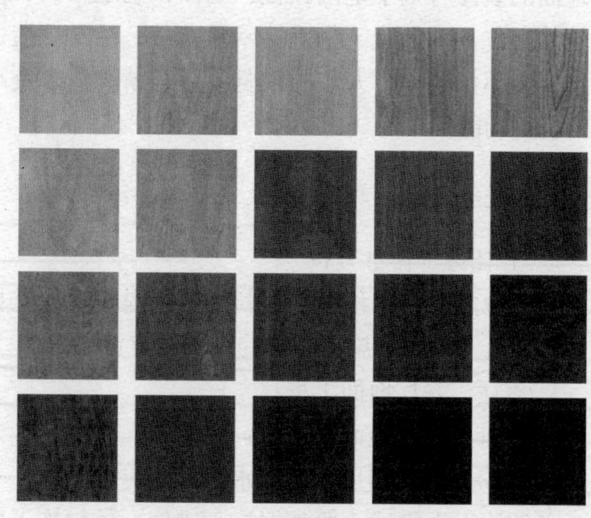

图 2-1-84　薄木饰面板（二）

2）观察胶合板的正反两面，不应看到节疤和补片，观察剖切截面，单板之间均匀叠加，不应有交错或裂缝，不应有腐朽变质等现象。

3）双手提起胶合板一侧，能感受到板材是否平整、均匀、无弯易起翘。

4）向商家索取胶合板检测报告和质量检验合格证等文件，胶合板的甲醛含量应小于或等于 1.5mg/L，才可直接用于室内，而大于或等于 1.5mg/L 时必须经过饰面处理后才允许用于室内。

（4）微薄木饰面板

1）装饰板表面应光洁，无毛刺和刨切刀痕，无透胶现象和板面污染现象（如局部发黑、发黄现象），尽量挑选表面无裂缝、裂纹、无节子、夹皮、树脂囊和树胶道的，整张板自然翘曲度应尽量小，避免由于砂光工艺操作不当，基材透露出的砂透现象。

2）认清人造贴面与天然木质单板贴面的区别。前者的纹理基本为通直纹理，纹理图案有规则；后者为天然木质花纹，纹理图案自然变异性比较大，无规则。其实这两者在价位方面有很大区别，后者较前者价格要贵上许多，市场上很多企业把人造的装饰面板当作天然装饰面板来卖，购买者要特别小心。

3）外观检验。装饰板外观应有较好的美感，材质应细致均匀，色泽清晰，木纹美观，配板与拼花的纹理应按一定规律排列，木色相近，拼缝与板边近乎平行。

任务四　完成家居地面装饰材料的识别与选购任务

一、任务描述

任务四的成果是完成对地面工程施工阶段的装饰材料识别与选购的任务。室内地面的装修有别于室内顶棚、墙面，它是人们日常生活、工作、学习中接触最频繁的部位，也是建筑物直接承受荷载，经常受撞击、摩擦、洗刷的部位，因此在选材上不仅要满足人们的视觉效果与精神追求及享受的同时，更多的应满足基本的使用功能。

二、任务分析

（一）任务工作量分析

家居地面装修工程所需材料的实际提料过程是材料员对施工现场用材的一个掌握和分析过程，本施工阶段的施工内容包括：

1. 客厅、餐厅地面工程；

2. 主卧、次卧地面铺地板；

3. 厨房、卫生间地面做防水，铺地砖。

了解施工内容后，要掌握施工进度、熟知施工所需的材料，拟定提料计划单即材料品牌及价格明细表（表 2–1–6）。

地面装饰材料（主材）品牌及价格明细表　　表 2-1-6

序号	项目名称	材料名称	单位	规格型号	品牌产地	等级	单价
1	客厅及餐厅地面	玻化砖	m^2	800mm × 800mm	东鹏	优等	267.75
		地　毯	m^2	4m 宽	海马	优等	190.00
2	主卧、次卧地面	实木复合地板		1212mm × 142mm × 12mm	圣像	优等	236.00
3	厨房地面	玻化砖	m^2	600mm × 600mm	东鹏	优等	220.00
		防水涂料	桶	20kg/ 桶	佳一，沈阳	优等	450.00
4	卫生间地面	陶瓷地砖	m^2	600mm × 600mm	东鹏	优等	190.00
		防水涂料	桶	20kg/ 桶	佳一，沈阳	优等	450.00

（二）任务重点难点分析

依据施工现场的施工进度提出的提料计划单，到材料市场去选购。难点是如何能识别地面装饰材料质量的优劣，重点是选购地面装修的主要材料，如铺砖类、地板类、地毯类等符合装饰要求的材料。

三、识别装饰材料的相关知识

（一）陶瓷地面砖

陶瓷地面砖用于楼地面装饰已有很久的历史，由于地砖花色品种层出不穷，因而仍然是当今流行的装饰材料之一，具有强度高、耐磨、花色品种繁多、供选择的范围大、施工进度快、工期短、造价适中等优点，广泛用于公共空间和住宅空间。

随着制陶制品工艺技术的不断发展，陶瓷地砖已不仅仅局限于普通陶瓷（土）地砖和陶瓷锦砖。愈来愈多的新型地砖不断出现，品种、花色多种多样，有全瓷地砖、玻化砖、劈离砖、广场砖、仿古砖、陶瓷艺术砖等。设计使用时应根据具体情况，选择适当的材料。

1. 陶瓷地砖

(1) 陶瓷地砖的定义与特性

陶瓷地砖是以优质陶土为原料，加以外加剂，经制模成形高温烧制而成。陶瓷地砖表面平整，质地坚硬，耐磨强度高，行走舒适且防滑，耐酸碱、可擦洗、不脱色变形、色彩丰富，用途广泛。

(2) 陶瓷地砖的应用

陶瓷地砖规格、品种繁多，分哑光、彩釉、抛光三类。不同厂家有自己的产品型号、规格、尺寸，在选择地砖的时候，应该根据个人的爱好和居室的功能要求，根据实地面积，从地砖的规格、色调、质地等方面进行筛选。地砖的颜色和风格应和整体空间色系搭配。例如，浴室中的地砖、壁砖和卫浴设备应统一风格（图 2-1-85）。客厅和卧室中的地砖也应与墙、顶棚、家具等色调统一，这样才会形

图 2-1-85　卫生间铺设陶瓷地砖

成整体美感。质量好的地砖规格大小统一厚度均匀，地砖表面平整光滑、无气泡、无污点、无麻面、色彩鲜明、边角无缺陷，花纹图案清晰，抗压性好，不易破损。

2. 玻化砖

(1) 玻化砖的定义与特性

玻化砖是近几年来出现的一个新品种，又称为全瓷砖（图 2-1-86），是使用优质高岭土强化高温烧制而成，质地为多晶材料，主要由无数微粒级的石英晶粒和莫来石晶粒构成网架结构，这些晶体和玻璃体都有很高的强度和硬度，其表面光洁而无需抛光，因此不存在抛光气孔的污染问题。

不少玻化砖具有天然石材的质感，而且更具有高光度、高硬度、高耐磨、吸水率低、色差少以及规格多样化和色彩丰富等优点。其色彩、图案、光泽等都可以人为控制，产品兼容了欧式和中式风格，色彩丰富，无论装饰于室内或是室外，均有现代风格（图 2-1-87）。除外观上有多种多样的变化外，装饰在建筑物外的墙壁上能起到隔声、隔热的作用，而且比大理石轻便。玻化砖质地均匀致密、强度高、化学性能稳定，其优良的物理化学性能则来源于它的内部结构。

图 2-1-86　玻化砖

图 2-1-87　玻化砖的应用

在玻化砖的市场中，占主导地位的是中等尺寸的产品，占有率为90%。产品最大规格为1200mm×1200mm，主要用于大面积的贴面。产品的种类有单一色彩效果、花岗石外观效果、大理石外观效果和印花瓷砖效果，以及采用施釉玻化砖装饰法、粗面或施釉等多种新工艺的产品，其中印花瓷砖采用特殊的印花模板新技术，其色料是在压制之前加到模具腔体中，放置于被压粉料之上，并与坯体一起烧结，产生多色的变化效果。

（2）玻化砖的应用

玻化砖一般用于家装、工装室内地面的铺设。玻化砖尺度规格一般较大，通常为（长×宽×厚）600mm×600mm×8mm、800mm×800mm×10mm、1000mm×1000mm×10mm、1200mm×1200mm×12mm。

（二）地板

在现代的装饰材料中，地面铺设材料主要以木质材料为主，涵盖的成熟产品很多，主要可以分为实木地板、实木复合地板、强化复合木地板和塑料地板等。在家装中地面铺设地板时主要应用实木地板和实木复合地板。

1. 实木地板

（1）实木地板的定义与特点

实木地板是采用天然木材，经加工处理后制成条板或块状的地面铺设材料。实木地板对树种的要求相对较高，档次也由树种分类，一般来说，地板用材以阔叶材为多，档次也较高；针叶材较少，档次也较低。近年来，由于国家实施天然林保护工程，进口木材作为实木地板原材料的比例增加。用作实木地板选材的树种可分为以下三大类：

1）国产阔叶材

国产阔叶材是应用较多的一类树种，常见的有：榉木、柞木、花梨木、檀木、楠木、水曲柳、槐木、白桦、红桦、枫桦、檫木、榆木、黄杞、槭木、楝木、荷木、白蜡木、红桉、柠檬桉、核桃木、硬合欢、楸木、樟木、椿木等。

2）进口材

进口木地板用材日渐增多，种类也越来越复杂，大致有如下一些：紫檀、柚木、花梨木、酸枝木、榉木、桃花芯木、甘巴豆、大甘巴豆、龙脑香、木夹豆、乌木、印茄木、蚁木、白山榄等。

3）针叶材

用针叶材做实木地板的较少，它常用于多层复合地板的芯材。这类树种有：红松、落叶松、红杉、铁杉、云杉、油杉、水杉等，图2-1-88所示为美国南方松。

图2-1-88　美国南方松

优质木地板应具有自重轻、弹性好、构造简单、施工方便等优点，它的魅力在于妙趣天成的自然纹理和与其他任何室内装饰物都能谐和相配的特性。优质木地板还有三个显著特点：第一是无污染，它源于自然，成于自然，无论人们怎样加工使之变换各种形状，它始终不失其自然的本色；第二是热导率小，使用它有冬暖夏凉的感觉；第三是木材中带有可抵御细菌，是理想的居室地面装饰材料。

但是实木地板有怕酸、怕碱、易燃的弱点，所以一般只用在卧室、书房、起居室等室内地面的铺设。

木地板的规格根据不同树种来订制，一般宽度为 90 ~ 1120，长度为 450 ~ 900mm，厚度为 12 ~ 25mm。优质实木地板表面经过烤漆处理，应具备不变形、不开裂的性能，含水率均控制在 10% ~ 15%之间。

(2) 实木地板的应用

早期的实木地板品种比较单一，施工和保养比较简单，在地面上铺设木龙骨，地板拼接使用麻花钉固定，完工后上漆打蜡即可。现今市面上所售的地板形式多样，使用起来有不同的要求。

实木地板的安装多是以条形木地板为主。条形木地板（图 2-1-89）按一定的走向、图案铺设于地面。条形木地板接缝处有平口与企口之分。平口就是上下、前后、左右六面平齐的木条。企口就是以专用设备将木条的断面（具体表面依要求而定）加工成榫槽状，便于固定安装。优点是：铺设图案选择余地大，企口便于施工铺设；缺点是：工序多，施工难度较大，难免粗糙。

2. 实木复合地板

(1) 实木复合地板的定义与特点

由于世界天然林正逐渐减少，特别是装饰用的优质木材日渐枯竭，木材的合理利用已越来越受到人们的重视，多层结构的实木复合地板慢慢取代实木地板。

实木复合地板是利用珍贵木材或木材中的优质部分以及其他装饰性强的材料作表层，材质较差或质地较差部分的竹、木材料作中层或底层，构成经高温高压制成的多层结构的地板（图 2-1-90）。

实木复合地板不仅充分利用了优质材料，提高了制品的装饰性（图 2-1-91），而且所采用的加工工艺也不同程度地提高了产品的力学性能。

图 2-1-89　条形木地板

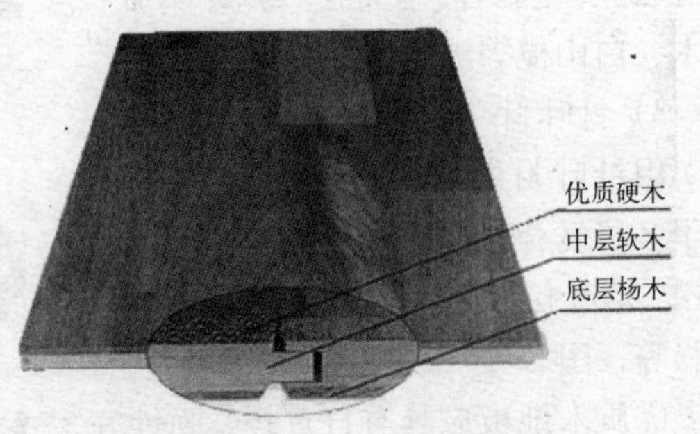

图 2-1-90　实木复合地板结构

实木复合地板主要是以实木为原料制成的，有以下三种：

1）三层实木复合地板

采用三层不同的木材黏合制成，表层使用硬质木材，如榉木、桦木、柞木、樱桃木、水曲柳等，中间层和底层使用软质木材，如用松木为中间的芯板，提高了地板的弹性，又相对降低了造价。

图 2–1–91　实木复合地板

2）多层实木复合地板

以多层胶合板为基材，表层镶拼硬木薄板，通过脲醛树脂胶多层压制而成（图 2–1–92）。

图 2–1–92　多层实木复合地板

3）新型实木复合地板

表层使用硬质木材，如榉木、桦木、柞木、樱桃木、水曲柳等，中间层和底层使用中密度纤维板或高密度纤维板。效果和耐用程度都与三层实木复合地板相差不多。

不同树种制作成实木复合地板的规格、性能、价格都不同，但是高档次的实木复合地板表面多采用 UV 哑光漆，这种漆是经过紫外光固化的，耐磨性能非常好，不会产生脱落现象，家庭使用无须打蜡维护，使用十几年不用上漆。优质的 UV 哑光漆对强光线应无明显反射现象，光泽柔和、高雅，对视觉无刺激。

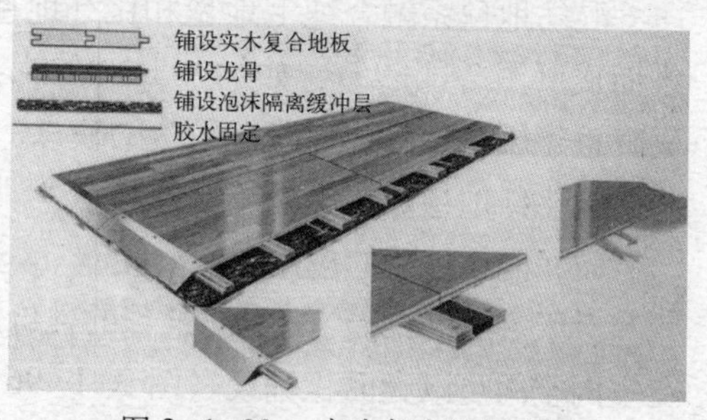

图 2–1–93　实木复合地板应用

（2）实木复合地板的应用

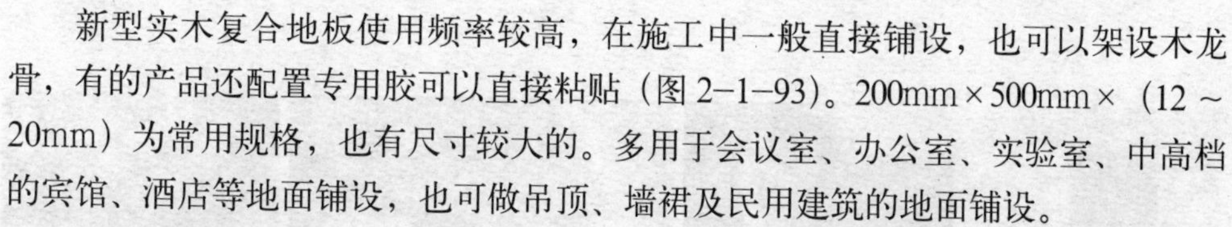

新型实木复合地板使用频率较高，在施工中一般直接铺设，也可以架设木龙骨，有的产品还配置专用胶可以直接粘贴（图 2–1–93）。200mm × 500mm × （12 ~ 20mm）为常用规格，也有尺寸较大的。多用于会议室、办公室、实验室、中高档的宾馆、酒店等地面铺设，也可做吊顶、墙裙及民用建筑的地面铺设。

（三）地毯

地毯生产历史悠久，数千年前在埃及、伊朗、中国等地就有手工编织的地毯，至今发展为东方地毯、欧洲地毯、非洲地毯等多种类别。约在二百多年前，欧洲最先发展了机织地毯，有素色、提花、表面起绒、表面呈毛圈等品种。到 20 世纪 40 年代出现了簇绒地毯，近年来又发展出针刺地毯、粘合地毯等品种。

图 2-1-94　地毯的铺设

图 2-1-95　混纺地毯

目前在我国，地毯是一种高级地面装饰材料，它不仅有隔热、保温、吸声、挡风及富有良好的弹性等特点，而且铺设后可以使室内增显高贵、华丽的气氛（图 2-1-94）。由于地毯具有实用、富于装饰性的特点，在现代室内装饰装修中被广泛使用。地毯按材质可分为：纯毛地毯、化纤地毯、混纺地毯、橡胶地毯、剑麻地毯。在本项目家装客厅地面所铺设的地毯是混纺地毯。

混纺地毯

（1）混纺地毯的定义与特点

混纺地毯系融合纯毛地毯和化纤地毯两者的优点，在羊毛纤维中加入化学纤维而成（图 2-1-95）。如加入 15%的锦纶的地毯耐磨性能比纯羊地毯高出三倍，同时也克服了化纤地毯静电吸尘的缺点，具有保温、耐磨、抗虫蛀等优点。弹性、脚感比化纤地毯好，价格适中，为不少消费者所青睐。

（2）混纺地毯的应用

对于家居装饰而言，混纺地毯的性价比最高，色彩及样式繁多，既耐磨又柔软，在室内空间可以大面积铺设（图 2-1-96），但是日常维护比较麻烦。

图 2-1-96　混纺地毯应用

四、选购装饰材料的相关技能

（一）陶瓷地面砖的选购方法

1. 陶瓷地砖

挑选釉面瓷质地砖，关键要看陶胎和釉面。陶胎要选尺寸规范、周边平整、厚薄均匀的，同规格瓷砖的厚度和尺寸相差不能超过 2mm。好的地砖厚度一般都在 8mm 左右。釉面的质量更为重要。具体的选购步骤可参见内墙釉面砖的选购方法。另外，要选择釉质厚而匀滑的，釉面颜色要尽可能接近。浴室、厨房和过道等适宜铺小规格的地砖，面积大的地方如卧室和客厅则适宜铺规格在 300mm × 300mm 以上的瓷砖。

2. 玻化砖

市场上销售的玻化砖和普通抛光砖通常混放在一起，普通消费者很难从外观上分辨，可以通过以下两点判定：

（1）听声音：一只手悬空提起瓷砖的边或角，另一只手敲击瓷砖中间，发音浑厚且回音绵长（如敲击铜钟所发出的声音）的瓷砖为玻化砖；发出的声音浑浊、回音较小且短促则说明瓷砖的胚体原料颗粒大小不均，为普通抛光砖。

（2）试手感：相同规格相同厚度的瓷砖，手感重的为玻化砖，手感轻的为普通抛光砖。

（二）实木复合地板的选购方法

1. 实木地板

实木地板铺设效果好，很多室内空间都可以使用（图 2−1−97），在选购上要注意以下几点：

（1）测量地板的含水率：我国不同地区含水率要求均不同，国家标准所规定的含水率为 10% ~ 15%。木地板的经销商应有含水率测定仪，如无则说明对含水率这项技术指标不重视。购买时先测展厅中选定的木地板含水率，然后再测未开包装的同材种、同规格的木地板含水率，如果相差在 2%以内，可认为合格。

图 2−1−97　卧室铺设木地板

（2）观测木地板的精度：一般木地板开箱后可取出10块左右徒手拼装，观察企口咬合、拼装间隙和相邻板间高度差，严实合缝、手感无明显高度差即可。

（3）检查基材的缺陷：看地板是否有死节、活节、开裂、腐朽、菌变等缺陷。由于木地板是天然木制品，客观上存在色差和花纹不均匀的现象。过分追求地板无色差，是不合理的，只要在铺装时稍加调整即可。

（4）检查板面、漆面质量：选购时关键看烤漆漆膜光洁度和耐磨度，有无气泡、漏漆等。

（5）识别木地板树种：有的厂家为促进销售，将木材冠以各式各样不符合木材学的美名，如樱桃木、花梨木、金不换、玉檀香等，更有甚者，以低档充高档木材。

（6）确定合适的长度、宽度：实木地板并非越长越宽越好，建议选择中短长度地板，不易变形。长度、宽度过大的木地板相对容易变形。

（7）决定铺设单位：消费者购买哪一家地板就请哪一家铺设，以免出现问题后生产企业和装修企业之间互相推脱责任。

（8）注意销售服务：最好去品牌信誉好、美誉度高的企业购买，除了质量有保证之外，正规企业都对产品有一定的保修期，凡在保修期内发生的翘曲、变形、干裂等问题，厂家负责修换，可免去消费者的后顾之忧。

2. 实木复合地板

（1）观察表层厚度：实木复合地板的表层厚度决定其使用寿命，表层板材越厚，耐磨损的时间就越长，进口优质实木复合地板的表层厚度一般在4mm以上，此外还须观察表层材质和四周榫槽（图2-1-98）是否有缺损。

图2-1-98　踢脚线榫槽

（2）检查产品的规格尺寸公差是否与说明书或产品介绍一致：可以用尺子实测或与不同品种相比较，拼合后观察其榫槽结合是否严密，结合的松紧程度如何，拼接表面是否平整。

（3）试验其胶合性能及防水、防潮性能：可以取不同品牌小块样品浸渍到水中，试验其吸水性和黏合度如何，浸渍剥离速度越低越好，胶合黏度越强越好。按照国家规定，地板甲醛含量应小于或等于9mg/100g。如果近距离接触木地板，有刺鼻或刺眼的感觉，则说明空气中的甲醛含量超标了。

（三）混纺地毯的相关选购技能

混纺地毯的选购方法与步骤

原材料以纯毛纤维与合成纤维混纺，在图案花色、质地和手感等方面，与纯毛地毯相差无几，但在价格上，却与纯毛地毯大相径庭。

纯毛纤维的比例为80%，合成纤维的比例为20%的混纺地毯在耐磨度、防虫、防霉、防腐等方面都优于纯毛地毯。

五、拓展与提高

(一)强化复合地板

1. 强化复合地板的定义与特点

强化复合地板由多层不同材料复合而成，其主要复合层从上至下依次为：强化耐磨层、装饰层、高密度板层、防震缓冲层、防潮树脂层(图2-1-99)。强化耐磨层用于防止地板基层磨损；装饰层为饰面贴纸，纹理色彩丰富，设计感较强；高密度板层是由木纤维及胶浆经高温高压加工而成的；防震缓冲及树脂层垫置在高密度板层下方，用于防潮、防磨损，起到保护基层板的作用。

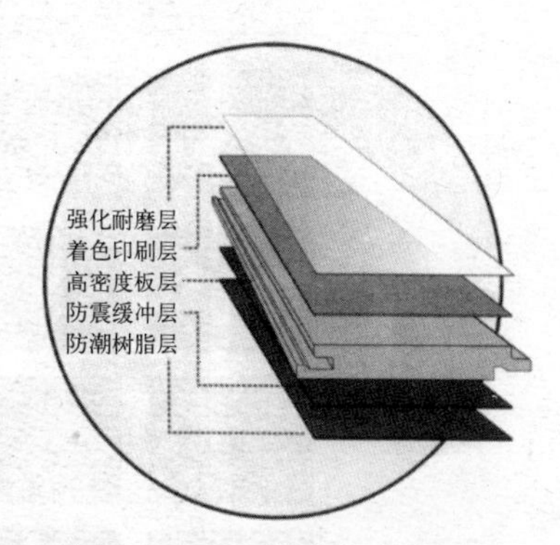

图2-1-99 强化复合木地板分层构造

(1)强化复合地板的耐磨性

强化复合地板表面耐磨度为普通油漆木地板的10～30倍，产品的内结合强度、表面胶合强度和冲击韧性力学强度都较好，此外，还具有良好的耐污染腐蚀、抗紫外线光、耐香烟灼烧等性能。

(2)强化复合木地板的规格尺寸

地板的流行趋势为大规格尺寸，而实木地板随尺寸的加大，其变形的可能性也在加大。强化复合木地板采用了高标准的材料和合理的加工手段，具有较好的尺寸稳定性。

(3)强化复合地板的安装与维护保养

地板采用泡沫隔离缓冲层，平时可用清扫、拖抹、辊吸等方法维护保养，十分方便。铺设简便(图2-1-100)。

(4)强化复合地板的缺点

强化复合地板的脚感或质感不如实木地板。强化复合地板中所包含的胶合剂较多，游离甲醛释放污染室内环境也要引起高度重视。

强化复合木地板的规格，长度为900～1500mm，宽度为180～ 350mm，厚度分别有6、8、12、15、18mm，其中，越厚价格越高。目前市场上销售的复合本地板以12mm居多。高档优质强化复合木地板还增加了3m厚的天然软木，具有实木脚感、噪声小、弹性好(图2-1-101)。

(5)强化复合地板和实木复合地板的区别

1)耐磨性：实木地板耐磨性用耐磨机检验，转速为400转左右，而一般的强化复合地板可达到6000转以上。

图2-1-100 泡沫隔离缓冲层

图 2-1-101　强化复合地板的面层

2）经济性：实木地板造价在 400 ~ 2000 元 /m^2 左右，而强化复合地板在 40 ~ 300 元 /m^2 左右。

3）装饰性：由于工艺的差别，实木地板完成后，缝隙大，且不平整，而强化木地板缝隙细小，平整性好，尤其是有些地板由于槽口加工精密，安装后严丝合缝，平整美观。

4）环保性：强化木地板不用油漆，甲醛含量低，而使用木器漆的实木地板所挥发出的有害气体（苯，二甲苯）不容忽视。

5）保养性：实木地板安装好后需要时常打蜡，而强化复合地板普通擦洗即可。

2. 强化复合地板的应用

强化复合木地板施工极为简单，将地面打扫干净后铺上。PVC 防潮毡可直接拼接安装。购买地板时，商家一般会附送配套踢脚线（图 2-1-102）、分界边条、PVC 防潮毡等配件，并负责运输安装。在家居室内空间，强化复合木地板成为年轻人消费的首选。

3. 强化复合地板识别与选购

1）密度（g/m^2）：指强化木地板基材的质量。强化木地板所用的基材是中、高密度板（高密度纤维板体积密度 0.82 ~ 0.94g/m^2）这种板是由木纤维及胶浆经高温、高压加工而成。密度越高，基板的抗冲击、抗压能力等越好。

2）表面耐磨转数（R）：是市场上宣传较多、消费者较为关心的指标。按照欧洲 EN13329 标准，耐磨转数的检测值可

图 2-1-102　踢脚线

图 2–1–103　静曲强度差的地板

分为六个等级。根据 EN438 标准检测初始耐磨值（指磨穿表面花纹）、最终耐磨值（指磨至露出基材）。耐磨指标一般都以转数为单位，转数并非越高越好，一般检测结果在 6000 转以上的地板适合家庭使用，9000 转以上的适合公用场所使用。

3）甲醛的问题：对甲醛的含量，国家标准规定，强化复合地板甲醛释放量（E1 级）分为两类，即 E0 级和 E1 级，相应指标确定为≤ 0.5mg/L 和≤ 1.5mg/L。相较 E1 级标准，E0 级更显严苛，仅为 E1 级的 1/3，适应了市场、消费者对环保健康产品的高标准需求。

4）静曲强度（MPa）：是检测强化木地板抗弯曲变形能力的一项指标，也是强化木地板性能的重要指标之一。这一指标的数值越高，其抗弯曲变形的能力就越强（图 2–1–103）。

5）吸水厚度膨胀率（%）：是测试强化木地板最重要的技术指标之一，吸水厚度膨胀率的高低正是决定强化木地板受潮后是否会变形以及变形大小的重要因素。吸水厚度膨胀率高，地板防潮能力就差，受潮后变形就大；吸水厚度膨胀率低，强化木地板遇潮后的变形就小、抗潮能力就强、产品质量就更好。测定方法是将地板浸泡于 20℃的水中 24 小时后取出，在边缘测试几个点的膨胀值，根据欧洲标准吸水膨胀率小于 20% 为达标。

6）含水率（%）：这项指标几乎可以忽略不计，指标在 10% 以内的产品含水率都是相当低的。

7）表面耐香烟灼烧：这项测试结果无具体数值，而以表面有无黑斑、裂纹、鼓包等为标示，也是检测强化木地板品质的要求之一，即能否阻燃、耐香烟灼烧。

8）表面耐冲击性能（mm）：这也是强化木地板品质的重要指标之一，指在相同条件下，被测地板承受钢球冲击后留下痕迹的直径大小。这一数值越小，说明该产品抗冲击能力越强。

在这些检测指标中，较为重要的、最能直接说明地板质量好坏的重要指标是：耐磨转数、吸水厚度膨胀率、表面耐冲击性能与静曲强度。消费者应该详细了解各种品牌强化木复合地板的技术指标、检测指标，综合地进行选择。比较测耐磨转数，也是衡量强化复合地板质量的一项重要指标。一般而言，耐磨转数越高，地板使用的寿命就越高。

（二）陶瓷地砖

1. 抛光砖

（1）抛光砖的定义与特点

抛光砖是表面经过打磨而成的一种光亮砖体，外观光洁，质地坚硬耐磨，通过渗花技术可制成各种仿石、仿木效果。表面也可以加工成抛光、哑光、凹凸等效果。

（2）抛光砖的应用

抛光砖的使用场合相对比较高档，表面平滑光亮，但是在抛光时留下的凸凹气孔容易藏污纳垢。因此，优质抛光砖都增加了一层防污层，也可在施工前打上水蜡以防止污染，在使用中要注意保养。

抛光砖的商品名称很多，如铂金石、银玉石、钻影石、丽晶石、彩虹石等。规格通常为（长×宽×厚）400mm×400mm×6mm、500mm×500mm×6mm、600mm×600mm×8mm、800mm×800mm×10mm、1000mm×1000mm×10mm等。

（3）抛光砖与玻化砖的区别

相对于玻化砖来说，抛光砖存在一个致命的缺点：易脏。这是抛光砖在抛光时留下的凹凸气孔造成的，这些气孔会藏污纳垢，甚至一些茶水倒在抛光砖上都无法除净。而玻化砖就是全瓷砖，表面光洁不需要抛光，不存在抛光气孔的问题，因此质地比抛光砖更硬更耐磨，毫无疑问，它的价格也高。

（4）抛光砖的识别与选购

1）看。看砖的色泽均匀度，表面光洁度，从一箱中抽出四五片砖，查看有无色差、变形、缺棱少角等缺陷。

2）敲。用硬物轻击砖体，声音越清脆，则玻化度越高，质量越好。也可以左手拇指、食指和中指夹住瓷砖一角，轻松垂下，用右手食指轻击瓷砖中下部，如果声音清亮、悦耳，说明质量可靠，如果声音沉闷、滞浊说明质量不好。

3）滴。将有色水滴（如墨水）滴于瓷砖正面，静放一分钟后用湿布擦拭，如果砖面留有痕迹，则表示有污物吸进砖内；如砖面仍光亮如镜，则表示瓷砖不吸污、易清洁，砖质上佳。

4）量。瓷砖边长的精确度越高，铺贴后的效果就越好，买优质瓷砖不但容易施工，而且能节约工时和辅料。用卷尺测量每片瓷砖的大小周边有无差异，精确度高则为质量好的产品。

5）划。瓷砖以硬度良好，韧性强，不易碎烂为优。以瓷砖的残片棱角互相划，查看破损的碎片断痕处是致密还是疏松，是脆、硬还是松、软，是留下划痕，还是散落粉末，如属前者即好，后者即差。

任务五　完成家居其他部位装饰材料的识别与选购任务

一、任务描述

任务五的成果是完成对其他装修部位的工程施工阶段的装饰材料识别与选购的任务。本任务主要完成门窗工程材料的选购和一些辅助装饰部位材料的选购。在门窗的选购上要注意了解门窗的形式、尺寸、色彩、线形、质地等在室内装饰中的功能及应用。其他的一些辅助装饰部位，如门口制作、窗台板制作、整体橱柜制作等，要注重选材的细节及与整体整修风格的和谐与统一。

二、任务分析

(一) 任务工作量分析

家居其他装修部位的工程所需材料的实际提料过程是材料员对施工现场用材的一个掌握和分析过程，本施工阶段的施工内容包括：

1. 包门窗口、垭口工程；

2. 门窗帘盒、橱柜安装；

3. 成品散热器器包罩安装；

4. 窗台板制作；

了解施工内容后，要掌握施工进度、熟知施工所需的材料，拟定提料计划单即材料品牌及价格明细表（表 2–1–7）。

其他装修部位材料（主材）品牌及价格明细表　　表 2–1–7

序号	项目名称	材料名称	单位	规格型号	品牌产地	等级	单价
1	包门窗口、垭口	细木工板	张	1220mm × 2440mm	凯达	E0	138.00
		底 漆	套	9kg	华润		377.00
		清漆	套	9kg	华润		445.00
2	成品门	成品实木复合门	套	0.9m × 2m	好门面	优质	1650.00
3	订制橱柜	橱 柜	延长m	L2.4m × 4m	欧派	优质	3700.00
4	散热器器包罩	成品散热器器包罩					
5	橱柜台板、窗台板制作	人造理石窗台板	延长m				

(二) 任务重点难点分析

依据施工现场的施工进度提出的提料计划单到材料市场去选购。难点是如何能识别其他装修部位装饰材料质量的优劣，重点是选购包门窗垭口材料，门、厨卫洁具等符合装饰要求的材料。

三、识别装饰材料的相关知识

（一）门窗涂料

门窗、家具涂料在整个空间装饰中占了很大的比重，对空间环境也有影响。其主要成膜物质以油脂、分散于有机溶剂中的合成树脂或混合树脂为主，一般人们常称为之“油漆”。

1. 油漆的定义与特性

油漆是指涂覆于物体（被保护和被装饰的对象）表面并能形成牢固附着的连续保护薄膜的物质。家具、门窗的油漆包括油性木器漆和水性木器漆（图 2-1-104）两种。油性木器漆的漆膜厚、光泽度好；水性木器漆由清水作为稀释剂，对木质的纹理表现力强，可以达到“见木不见漆”的效果（图 2-1-105）。

图 2-1-104　水性木器漆亮光型的涂刷效果

图 2-1-105　实木复合门

2. 油漆的应用

家庭装饰，使用最多的是聚氨酯木器漆、门窗醇酯磁漆、醇酸调和漆。油漆对于被施用的对象来说，它的第一个用途是保护表面；第二个用途是起修饰作用。就以木制品来说，由于木制品表面属多孔结构，不耐脏污，不够美观，而涂料能同时解决这些方面的问题。

（二）成品门

早些年，门属于装修“三包”范畴，即包门、包窗、包暖气，随着建材行业的技术的更新，在现代家居装修中，对门的要求已不仅仅局限在实用的基础上，越来越注重装饰效果的多元化，追求造型与空间的相互呼应，从各角度彰显主人极具品位的生活情趣及高品质的生活氛围。如今，建材商做的门款式多、品种全、质量也稳定，并且也能够按客户要求做，充分满足个性化需求，同时工业化的批量生产也降低了成本，更多人开始选择购买成品门。

1. 成品门的种类

（1）实木复合门

实木复合门的门芯多以松木、杉木或进口填充材料等粘合，外贴密度板和实木木皮，经高温热压后制成，并用实木线条封边。一般高级的实木复合门，其门芯多为优质白松，表面则为实木单板（图 2-1-107）。由于白松密度小、重量轻，且较容易控制含水率，因而成品门的重量都较轻，也不易变形、开裂。另外，实木复合门还具有保温、耐冲击、阻燃等特性，而且隔音效果同实木门基本相同。

由于实木复合门的造型多样，款式丰富，不同装饰风格的门给予了消费者广阔的挑选空间，因而也称实木造型门（图 2–1–106）。高档的实木复合门不仅具有手感光滑、色泽柔和的特点，还非常环保，坚固耐用。

相比纯实木门较贵的造价，实木复合门的价格一般在 1200 ~ 2300 元左右一扇。如较高档的花梨木门，大约 4000 元一扇；中高档的胡桃木、樱桃木、莎比利等木门，则需 2000 元一扇。

图 2–1–106 实木复合门的样式

除此之外，现代木门的饰面材料以木皮和贴纸较为常见。木皮木门因富有天然质感，且美观、抗冲击力强，而价格相对较高；贴纸的木门也称“纹木门”，因价格低廉，是较为大众化的产品，缺点是较容易破损，且怕水。

（2）实木门

实木门是以取材自森林的天然原木做门芯，经过干燥处理，然后经下料、刨光、开榫、打眼、高速铣形等工序科学加工而成（图 2–1–107）。实木门所选用的多是名贵木材，如樱桃木、胡桃木、柚木等，经加工后的成品门具有不变形、耐腐蚀、无裂纹及隔热保温等特点。同时，实木门因具有良好的吸声性，而有效地起到了隔声的作用。

实木门天然的木纹纹理和色泽，对崇尚回归自然的装修风格的家庭来说，无疑是最佳的选择。实木门自古以来就透着一种温情，不仅外观华丽，雕刻精美，而且款式多样。

图 2–1–107 实木门

图 2–1–108 模压门

实木门的价格也因其木材用料、纹理等不同而有所差异。市场价格从 1900 元到 4000 元不等，其中高档的实木有胡桃木、樱桃木、莎比利、花梨木等，而上等的柚木门一扇售价达 3000 ~ 4000 元。一般高档的实木门在脱水处理的环节中做得较好，相对含水率在 8% 左右，这样成形后的木门不容易变形、开裂，使用的时间也会较长。

（3）模压木门

模压木门（图 2–1–108）因价格较实木门更经济实惠，且安全方便，受到中等收入家庭的青睐。模压木门是由两片带造型和仿真木纹的高密度纤维模压门皮板经机械压制而成。由于门板内是空心的，自然隔声效果相对实木门来说要差些，并且不耐水。

模压木门是在木贴面并刷“清漆”，保持了木材天然纹理的装饰效果，同时也可进行面板拼花，既美观活泼又经济实用。模压木门还具有防潮、膨胀系数小、抗变形的特性，使用一段时间后，不会出现表面龟裂和老化变色等现象。

一般的复合模压木门在交货时都带中性的白色底漆，消费者可以回家后在白色中性底漆上根据个人喜好再上色，满足了消费者个性化的需求。

2. 成品门结构形式

门芯板和面板的材质对整体的品质有着很大的影响。蜂窝纸、大芯板、进口门芯板等不同材质，隔声效果不同，应该根据具体的功用及要求选择。面板的品种有几十种，如橡木、胡桃木、枫木、花梨木等不同的木材有着各自天然的纹理及品质，应该根据实际的装修风格和喜好来选择不同类型的面板。

优质成品门从内部结构上可分为平板结构和实木结构（含拼板结构、嵌板结构）两大类。

拼板门和嵌板门从外观上看线条的立体感强、造型突出、厚重而彰显文化品质，属于传统工艺生产，做工精良，结构稳定，美中不足的是造价偏高，适合欧式、新古典、新中式、乡村、地中海等多种经过时间沉淀后的经典风格装修中，能够融入整个建筑空间，提升风格装修的纯粹度和历史文化沉淀的厚重感。

平板门外形简洁、现代感强、材质选择范围广，色彩丰富、可塑性强，易清洁，价格适宜，但视觉冲击力偏弱。适合现代简约、前卫等自由、现代的风格，可为空间增加活力。平板门也可以通过镂铣塑造多变的古典式样，但线条的立体感较差，缺乏厚重感，而造价则相对适中。

油漆工艺：如今，人们装修越来越注重环保，现场加工制作的居室门，油漆味需要很长时间才能挥发掉，相比较而言，成品门品质高，安装方便快捷、环保。

（三）散热器罩

散热器罩是罩在散热器片外面的一层金属质或木质的外壳（图 2–1–109、图 2–1–110），它的用途主要是美化室内环境，挡住样子比较难看的金属制或塑料制

图 2–1–109　木质散热罩

的散热器片，同时可以防止烫伤，不同的散热器罩可以显示出房间主人不同的生活品位。

图 2-1-110　金属质散热器罩

（四）人造石材

人造石是根据设计意图，利用有机材料或无机材料合成的石材。它具有轻质、高强、耐污染、多品种、易施工、色泽丰富、品种繁多等特点，其经济性、选择性等均优于天然石材。人造石一般分为水泥型人造石、聚酯型人造石、复合型人造石、烧结型人造石等。

1. 水泥型人造石

（1）水泥型人造石的定义与特点

水泥型人造石（图 2-1-111）是以各种水泥或石灰磨细砂为粘结剂，砂为细骨料，碎大理石、花岗石、工业废渣等为粗骨料，经配料、搅拌、成型、加压蒸养、磨光、抛光等工序而制成。这种人造石表面光泽度高，花纹耐久，抗风化能力、耐火性、防潮性都优于一般天然石材。

（2）水泥型人造石的应用

水泥型人造石取材方便，价格低廉，色彩可以任意调配，花色品种繁多，用于公共空间地面、墙面、柱面、台面、楼梯踏步等处，也可以被加工成文化石，铺装成各种不同图案或肌理效果（图 2-1-112）。

图 2-1-111　水泥型人造石（一）

2. 聚酯型人造石

（1）聚酯型人造石的定义与特点

聚酯型人造石多是以不饱和聚酯为粘结剂，与石英砂、大理石、方解石粉等搅拌混合，浇铸成型（成型方法有振动成型、压缩成型、挤压成型等），在固化剂作用下产生固化作用，经脱模、烘干、抛光等工序而制成（图 2-1-113）。

聚酯型人造石具有天然花岗岩、大理石的色泽花纹，几乎可以假乱真，它的价格低廉，重量轻，吸水率低，抗压强度较高，抗污染性能

图 2-1-112　水泥型人造石（二）

图 2-1-113　聚酯型人造石

图 2-1-114　厨房台柜人造石

图 2-1-115　卫生间台面人造石

优于天然石材，对醋、酱油、食用油、鞋油、机油、墨水等均不着色或十分轻微，耐久性和抗老化性较好，且具有良好的可加工性。

（2）聚酯型人造石的应用

使用不饱和聚酯的人造石，表面光泽好，可调成不同的鲜明色彩。市场上销售的树脂型人造大理石一般用于厨房台柜面、卫生间台面（图 2-1-114、图 2-1-115），宽度在 650mm 以内，长度为 2400 ~ 3200mm，厚度为 10 ~ 15mm，可订制加工，包安装，包运输。

3. 复合型人造石材

（1）复合型人造石的定义与特点

复合型人造石的粘结剂中既有无机材料，又有有机高分子材料。用无机材料将填料结成型后，将坯体浸渍于有机单体中，使其在一定条件下聚合。对板材而言，底层用低廉而性能稳定的无机材料，面层用聚酯和大理石粉制作。无机粘结材料可用快硬水泥、白水泥、普通硅酸盐水泥、铝酸盐水泥、粉煤灰水泥、矿渣水泥等；有机材料可用苯乙烯、甲基丙烯酸甲酯、醋酸乙烯、丙烯腈、二氯乙烯、丁二烯、异戊二烯等，这些单体可以单独使用、组合使用，也可与聚合物混合使用。

（2）复合型人造石的应用

宾馆大堂、室内停车场地面经常采用复合人造石作为天然石材的边界拼接，用作天然石材的边角装饰，相对于天然石材而言，它成本低廉，施工方便。

4. 烧结型人造石

（1）烧结型人造石的定义与特点

烧结型人造石的烧结方法与陶瓷工艺相似，将斜长石、石英、辉石、方解石粉和赤铁矿粉及部分高岭土等混合，用泥浆法制备坯料，用半干压法成型，在窑炉中经 1000℃左右的高温焙烧而成。

（2）烧结型人造石的应用

烧结型人造石类似于瓷砖，可以用于中低档室内走道、门厅或露台的地面装修，成本低廉。

上述人造石中最常用的是聚酯型，它的物理性能和化学性能最好，花纹容易设计，有重现性，适应多种用途，但价格相对较高；水泥型价格最低廉，但耐腐蚀性能较差，容易出现微细龟裂，适用于墙面铺贴，以文化墙的形式出现；复合型则综合了前两种的优点，既有良好的物化性能，成本也较低；烧结型虽然只用黏土作粘结剂，但需要高温焙烧，因而耗能大，造价高，产品破损率高。

5. 整体橱柜

整体橱柜的定义与特性

近年来在家居装饰装修中，将橱柜单独分离出现场制作的行列，橱柜的工厂化生产已经成为装修的流行化趋势。同时，整体衣柜、整体橱柜也应运而出（图 2-1-116）。

图 2-1-116　整体橱柜

（1）整体橱柜的材质

目前市场上橱柜面层材质很丰富，最常见的是人造板材、金属板材、大理石和人造石这三种。大理石具有多种花纹和色泽，外观华贵，但用在厨房做台面，石材的毛孔会浸油，不易清理。人造石色泽多，外观华丽，又不会吸油污，颜色丰富，成为高档厨房的首选台面。

（2）橱柜门板的种类

门板的种类很多，一般分为防火板门板、实木门板、烤漆门板、金属质感门板。

1）防火板门板：防火板是橱柜门板中最常见的一种，防火板突出的综合优势是耐磨、耐高温、抗渗透、容易清洁、价格实惠，在市场上长盛不衰。缺点是表面平整，无凹凸立体效果，时尚感稍差，比较适合中、低档装修（图 2-1-117）。

图 2-1-117　防火板橱柜

2）实木门板：实木制作的橱柜门板，具有回归自然、返朴归真的效果。缺点是国内厂家实木橱柜工艺水平与国际尚有较大距离，比较适合偏爱纯木质地的中年消费者作高档装修使用（图 2-1-118）。

图 2-1-118　实木门橱柜

3）烤漆门板：烤漆即喷漆后进烘房加温干燥处理。其特点是色泽鲜艳，具有很强的视觉冲击力，非常美观时尚。缺点是由于技术要求高，废品率高，所以价格一直居高不下，比较适合追求时尚的年轻高档消费者（图2-1-119）。

图2-1-119 烤漆门橱柜

4）金属质感门板：在经过磨砂、镀铬等工艺处理的高档合金门板上印刷木纹，它的芯板由磨砂处理的金属板或各种玻璃组成，有凹凸质感，具有科幻世界的超现实主义风格，适合追求与世界流行同步的超高档装修（图2-1-120）。

图2-1-120 金属质感橱柜

5）PVC模压吸塑门板：用中密度板为基材镂铣图案，用进口PVC贴面经热压吸塑后成形。PVC板具有色泽丰富、形状独特的优点。一般PVC膜为0.6mm厚，也有使用1.0mm厚高亮度PVC膜的，色泽如同高档镜面烤漆，档次很高（图2-1-121）。

（3）整体橱柜的订制程序

目前橱柜店一般都遵循下列程序：

1）先上门测量后，预付一定的测量设计费；

2）双方协商后由设计人员画出电脑设计图；

3）确定设计方案，按图纸施工前，一般先交部分货款；

4）出库安装前，付清全部货款。

图2-1-121 PVC吸塑门橱柜

橱柜布局根据厨房的情况可采用下列方法：一形、L形、U字形、T形、岛形布局等。有些橱柜在设计中不仅包括了操作台、燃气灶、水盆、吊柜的位置，还设计了用餐的餐台，使家人进餐更为方便，也弥补了一些人家中没有餐厅的遗憾。

订制整体橱柜最佳的时间是在房子进行整体装修前，先到整体橱柜专业店进行参观，实地考察、详细了解。让专业的设计人员根据你的具体要求及家电用品的摆放进行合理搭配及布局设计，待设计图纸满意后，根据图纸的具体要求对厨房进行管线预埋和装修。把上水、下水、冷水、热水管和电源插孔铺设到理想的位置，做到一次到位，这样会使厨房更加整齐、规范。

四、选购装饰材料的相关技能

（一）水性木器漆的选购方法

（1）看外观。水性木器漆一般注有“水性”或者“水溶性”字样，而且在使用说明中会标明可以用清水稀释的。

（2）看颜色。水性的无色漆一般呈乳白色或半透明浅乳白色或浅黄色，而普通的清漆往往是透明色。

（3）闻气味。水性木器漆的气味非常小，略带一点芳香，而普通的油漆都有比较强的刺激性气味。

（二）油性木器漆的选购方法

一般的聚酯漆，看油漆是否分层，看颜色是否均匀，闻气味是否刺鼻。

（三）成品门的选购方法

考察一套门的优劣，除了内在的板材，潜在的生产工艺外，有很多可以直观地体验到，比如价格、漆面和锁具等方面。

（1）价格：每套需在2000元左右。

一套好的实木复合门，一般的零售价在2000～5000元，这是计算了材料、工艺以及一定的利润后得出的价格标准。如果所用的材料是优等品，锁具等五金件又都是进口的，整套木门的价格还会更高，甚至可达上万元。

（2）漆面：手感光滑、表面平整。

检验一个木门的漆面是否光滑除了要仔细看其表面有没有磕碰、疵点等硬伤外，还有两种方式可以进一步检验木门漆面的细微质量。一是用手背抚摸漆面，如果感觉到漆面有微小的灰尘颗粒，则说明烤漆工艺或是环境不达标；二是将门扇卸下来对着灯光看，看灯光打在上门的光线是否平整，有没有坑凹处。

（3）五金件：折页静音、锁具弹性好。

锁具等五金件的好坏也是检验木门优劣的重要因素。首先，好的锁具是铜质的，应该很沉；然后转动门把手，听到的门簧回弹的声音应该是清脆的；最后要反复开关门，确定折页没有噪声。

（四）人造石材的选购方法

由于目前建材市场上劣质品充斥，人造石的品种又是五花八门，因此选购人造石也得学会分辨真伪。

一看，目视样品颜色清纯不混浊，表面无类似塑料胶质感，板材反面无细小气孔；

二闻，鼻闻无刺鼻化学气味；

三摸，手摸样品表面有丝绸感，无涩感，无明显高低不平感；

四划，用指甲划板材表面，无明显划痕；

五碰，相同两块样品相互敲击，不易破碎。

另外，专家提醒广大消费者，最简单的鉴别人造石质量的方法就是先拿一块样板倒酱油或油污在其表面，或进行磨损试验，以观其抗污与耐磨性能。

（五）整体橱柜的选购方法

不同的橱柜看上去可能风格相仿，颜色相似，但在内在质量上却存在很大的差异。除了橱柜的选材不同外，专业大厂用机械自动化流水线生产的橱柜和手工作坊式小厂用手工生产的橱柜在质量上有天壤之别。普通消费者选购橱柜要注意：

(1) 大型专业化企业用电子开料锯通过电脑输入加工尺寸，开出的板材尺寸精度非常高，公差单位在微米，而且板边不存在崩茬的现象。而手工作坊型小厂用小型手动开料锯，设备简陋开出的板尺寸误差大，往往在1mm以上，而且经常会出现崩茬现象，致使板材基材暴露在外。

(2) 优质橱柜的封边细腻、光滑、手感好，封线平直光滑，接头精细。专业大厂用直线封边机一次性完成封边、断头、修边、倒角、抛光等工序，涂胶均匀，压贴封边的压力稳定，流水线保证最精确的尺寸。而作坊式小厂是用刷子涂胶，人工压贴封边，用蓖纸刀来修边，用手动抛光机抛光，由于涂胶不均匀，封边凸凹不平，割线波浪起伏，很多地方不牢固，短时间内很容易出现开胶、脱落的现象，一旦封边脱落，会出现进水、膨胀的现象，同时大量甲醛等有毒气体挥发到空气中，会对人体造成危害。

(3) 孔位的配合和精度会影响橱柜箱体的结构牢固性。专业大厂的孔位都是一个定位基准，尺寸的精度是有保证的。手工小厂使用排钻，甚至是手枪钻打孔。由于不同的定位基准及在定位时的尺寸误差较大，造成孔位的配合精度误差很大，在箱体组合过程中甚至会出现孔位对不上的情况，这样组合出的箱体尺寸误差较大，不是很规则的方体，而是扭曲的。

(4) 橱柜的组装效果要美观（图2-1-122）。生产工序的任何尺寸误差都会表现在门板上，专业大厂生产的门板横平竖直，且门间间隙均匀；而小厂生产组合的橱柜，门板会出现门缝不平直、间隙不均匀，不同门板不在一个平面上。

(5) 注意抽屉滑轨是否顺畅，是否有左右松动的状况，还要注意抽屉缝隙是否均匀。

图 2-1-122 成品橱柜组装

五、拓展与提高

油漆

油漆中的苯、涂料中的甲醛，会对人体健康造成危害。过去由于我国涂料行业科技含量不高，产品中少不了这些物质。加上涂料生产的准入门槛较低，市场上的涂料、油漆五花八门，有价格低廉的小作坊产品，有乡镇和国有企业产品，有合资企业产品，有原装进口产品，市场上曾出现了越是低价的产品越好销的现象。

油漆如何做到全无苯？其奥妙在于用植物油脂代替苯作稀释剂，此技术是德国等对环保关注较早的国家发明的。进入我国市场后，发现价格太高难以打开市场，于是我国建立了合资企业，生产适合国情的环保产品。

因为全无苯油漆吃香，市场上一下子冒出了很多“无苯”油漆，除了明目张胆地假冒外，有的是打“擦边球”，即它是不含苯，但含甲苯、二甲苯或三甲苯，同样对人体有害。

国家标准≠绿色标准

其实，“国标”并不等同于“绿色”。国家标准只是室内装饰装饰材料进入市场的“准入标准”，是最基本的质量要求，达不到这个标准，就没有资格进入市场，而绿色环保产品的要求更高。一些商家利用消费者对于“国家标准”与“绿色标准”两者的模糊理解，颁发各种所谓的“绿色产品推荐证书”，致使市场上出现了大量的“伪绿色”产品，对消费者一头雾水。

警惕“绿色欺诈”

通过比较不难发现，国家标准表明的是国家对消费者健康的关注，而环境标志产品认证则是给消费者更充分的安全空间，这才是绿色产品的认证标准。“绿色标准”要比质量标准严得多，也就是说，达到“国标”的产品不一定能达到“绿色”。而且环境标志产品的评定标准总是随着企业生产水平的提高而不断提高，使其总保持领先水平。

项目二　公共空间装饰材料的识别与选购

在建筑装饰工程中，室内空间的装修除家居空间的装修外，还包括公共场所的装修，如餐饮空间、酒店宾馆空间、办公空间、学校、银行、医院等。在本书中以餐饮空间为例来讲述公共空间装修用材的识别与选购，因为餐饮空间装修的用材比其他公共空间品种多、样式新颖，并且质量要求相对较高。在餐饮装修的材料选购过程中，大家不仅要具备对公装工作任务熟练分析的能力，还要掌握家装与公装在材料选购与应用上的不同之处，最后完成到材料市场选购材料的任务。

公共空间的装修施工顺序与家装的基本相同，如家装隐蔽工程阶段施工所用的管材与电气线路等材料公装中也采用，所以本项目中隐蔽工程阶段就可以参见家装隐蔽工程阶段的选材知识。

一、项目任务书

序号	任务内容	具体说明
1	任务说明	本工程项目是XX餐饮空间的装修施工项目，要求材料员在施工开工前两周提出材料计划单
2	任务分析	在规定的装修期间内，根据施工进度提交装修各阶段的购料计划，然后到装饰材料市场选购相应的材料
3	项目任务分解	本项目根据装修施工部位的不同将材料的选购工作分成四个任务阶段完成。 任务一：完成顶棚施工阶段装饰材料的识别与选购任务； 任务二：完成墙面施工阶段装饰材料的识别与选购任务； 任务三：完成地面施工阶段装饰材料的识别与选购任务； 任务四：完成其他装饰材料的识别与选购任务
4	任务能力分解	该任务需要材料员具备对装饰材料识别与选购的能力，同时也应该掌握各种常用装饰材料的应用知识

二、工程项目展示

【建筑面积】1470m^2

【地点】哈尔滨市开发区

【档次】中档餐饮

【设计风格】明快、时尚，整体空间色调明亮、大方、简洁，现代风格（图2-2-1 ~图2-2-2）。

【装修费用】360万元（不包成品家具、家电等）。

图 2-2-1　某海鲜餐厅大厅效果图

图 2-2-2　某海鲜餐厅中包房效果图

任务一　完成餐厅顶棚装饰材料的识别与选购任务

一、任务描述

公装的提料步骤和原则大致与家装的相同，材料员根据顶棚施工现场的进度和要求，有计划、有步骤的提料，并在提料过程中熟练掌握装饰材料识别与选购的方法。不同的是在公装的提料过程中，材料员的专业能力要强，因为面对公装复杂的工序和比家装多出一倍甚至几倍的装饰材料，材料员必须要做到及时了解施工进程，掌握提料顺序，熟悉材料市场，懂得各种材料的相关选购技能。

任务一的成果是完成对餐厅顶棚工程施工阶段的装饰材料识别与选购的任务。在公装的装修和设计上，顶棚是尤其重要的部分，它既是整体空间设计理念重要的体现部分，又是体现整体空间装修档次的部位。作为建筑空间顶界的顶棚，可通过各种材料和构造技术组成形式各异的界面造型，从而形成具有一定功能和装饰效果的重要建筑装饰装修部位。

二、任务分析

（一）任务工作量分析

餐厅顶棚装修工程所需材料的实际提料过程是材料员对施工现场用材的一个掌握和分析过程，本施工阶段的施工内容包括：

1. 餐厅大堂的顶棚吊顶施工；

2. 餐厅包房的顶棚施工；

3. 卫生间、厨房的顶棚施工；

了解施工内容后，要掌握施工进度、熟知施工所需的材料，拟定提料计划单即材料品牌及价格明细表（表 2-2-1）。

顶棚装饰材料（主材）品牌及价格明细表　　表 2-2-1

序号	项目名称	材料名称	单位	规格型号	品牌产地	等级	单价（元）
1	餐饮大堂顶棚	主骨	m	50 系列　1.2mm	龙牌	优等	7.29
		石膏板	张	1220mm × 2440mm	可耐福	优等	26.00
		装饰石膏板（见餐厅二）	张	600mm × 600mm		优质	12.00
		821 腻子	袋	20kg/ 袋	美巢	优等	18.00
		嵌缝带	卷	75m/ 卷	拉法基	优等	36.00
		砂纸	张	150 号	金相		1.80
		顶棚金属壁纸	卷	$5m^2$/ 卷	圣像		480.00
		顶棚底漆	桶	5L	立邦		298.00
		顶棚面漆	桶	15L	立邦净味		638.00
2	包房顶棚	主骨	m	50 系列 1.2mm	龙牌	优等	7.29
		石膏板	张	1220mm × 2440mm	可耐福	优等	26.00
		821 腻子	袋	20kg/ 袋	美巢	优等	18.00
		嵌缝带	卷	75m/ 卷	拉法基	优等	36.00
		砂纸	张	150 号	金相		1.80
		顶棚底漆	桶	5L	立邦		298.00
		顶棚面漆	桶	15L	立邦净味		638.00
3	餐饮卫生间顶棚	主骨	m	50 系列　1.2mm	龙牌	优等	7.29
		铝合金扣板	m^2	0.8mm	浦菲尔		220.00

（二）任务重点难点分析

依据施工现场的施工进度提出的提料计划单，到材料市场去选购。难点是如何能识别顶棚装饰材料质量的优劣，重点是选购顶棚装修的主要材料，如骨架材料、纸面石膏板、顶棚漆等符合装饰要求的材料。

图 2-2-3　轻钢龙骨吊顶

三、识别装饰材料的相关知识

（一）轻钢龙骨

1. 轻钢龙骨的定义与特点

轻钢龙骨是用冷轧钢板（带）、镀锌钢板（带）或彩色涂层钢板（带）由特制轧机以多道工序轧制而成（图 2-2-3），它具有强度高、耐火性好、安装简易、实用性强等优点。一般用于主体隔墙和大型吊顶的龙骨支架，既能改善室内的使用条件，又能体现不同的装饰艺术和风格。

图 2-2-4　×××餐厅轻钢龙骨吊顶

轻钢龙骨的承载能力较强，且自身重量很轻。以轻钢龙骨为骨架，与 9.5mm 厚纸面石膏板组成的吊顶每平方米重量约为 8kg 左右，比较适合大体量的室内吊顶装修（图 2-2-4）。轻钢龙骨能适用各类场所的吊顶和隔断的装饰，可按设计需要灵活布置选用饰面材料，装配化的施工和作业改善了劳动条件，降低了劳动强度，加快了施工进度，并且具有良好的防锈、防火性能，经试验均达到设计标准。

轻钢龙骨的分类：

轻钢龙骨按材质分，有镀锌钢板龙骨和薄壁冷轧退火卷带龙骨；按龙骨断面分，有 U 形龙骨、T 形龙骨及 L 形龙骨，其中大多为 U 形龙骨和 L 形龙骨；按用途分，有吊顶龙骨（代号 DI）和隔断龙骨（代号 Q）。吊顶龙骨又分主龙骨（又叫大龙骨、承重龙骨）和次龙骨（又叫覆面龙骨，包括中龙骨、小龙骨）。隔断龙骨则有竖向龙骨、横向龙骨和通贯龙骨等。

2. 轻钢龙骨的应用

(1) U 形龙骨

吊顶、隔断龙骨的断面形状以 U 形居多。U 形轻钢龙骨通常由主龙骨、中龙

图 2–2–5　U 形轻钢龙骨装配

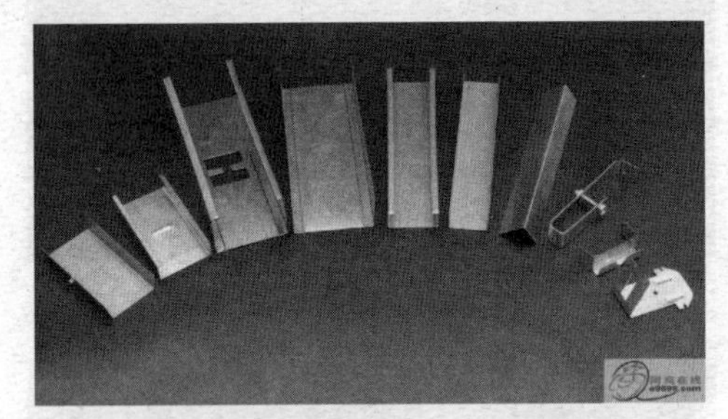

图 2–2–6　U 形轻钢龙骨配件

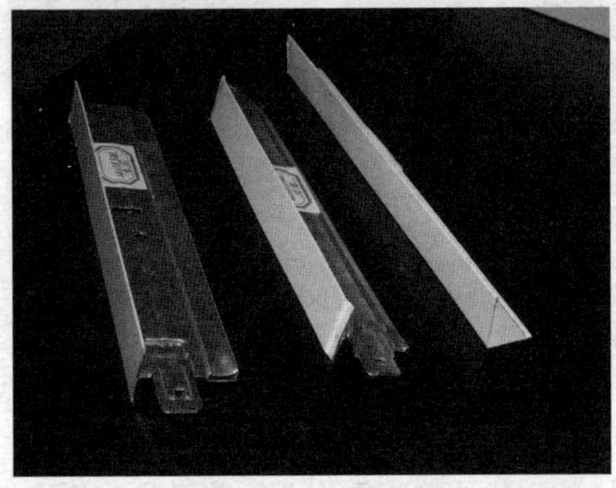

图 2–2–7　T 形龙骨

骨、横撑龙骨、吊挂件、接插件和挂插件等组成（图 2–2–5、图 2–2–6）。根据主龙骨的断面尺寸大小，是根据龙骨的负载能力及其适应的吊点距离的不同进行划分的。通常将 U 形轻钢龙骨分为 38、50、60 三种不同的系列。38 系列适用于吊点距离 0.8 ~ 1.0m 不上人吊顶；50 系列适用于吊点距离 0.8 ~ 1.2m 不上人吊顶，但其主龙骨可承受 80kg 的检修荷载；60 系列适用于吊点距离 0.8 ~ 1.2m 不上人型或上人型吊顶，主龙骨可承受 100kg 检修荷载。隔断骨主要分为 50、70、100 三种系列。龙骨的承重能力与龙骨的壁厚大小及吊杆粗细有关。

（2）T 形龙骨

T 形龙骨只作为吊顶专用（图 2–2–7、图 2–2–8），T 形吊顶龙骨有轻钢型的和铝合金型的两种，过去绝大多数是用铝合金材料制作的，近几年又出现烤漆龙骨和不锈钢面龙骨等。T 形吊顶龙骨的特点是体轻，龙骨（包括零配件）每平方米平均质量为 15kg 左右。吊顶龙骨与顶棚组成 600mm × 600mm、500mm × 500mm、450mm × 450mm 等的方格，不需要大幅面的吊顶板材，因

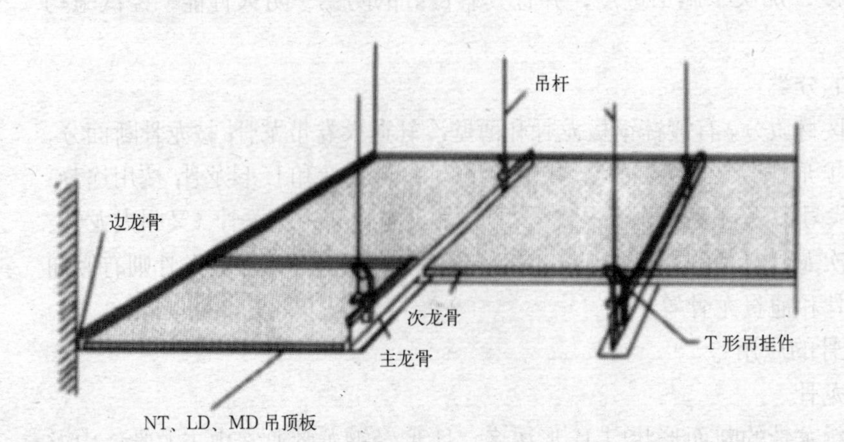

图 2–2–8
T 形龙骨吊顶安装示意图

此各种吊顶材料都可适用，规格也比较灵活。T形龙骨材料经过电氧化或烤漆处理，龙骨里方格外露的部位光亮、不锈、色调柔和，使整个吊顶更加美观大方。此外，T形龙骨安装方便，防火、抗震性能良好。

T形龙骨的承载主龙骨及吊顶的布置与U形龙骨吊顶相同，T形龙骨的上人或不上人龙骨定于大龙骨下，小龙骨垂直搭接在中龙骨的翼缘上。吊杆可依次采用直径6、8、10mm钢筋。

图2-2-9　铝合金扣板（一）

（二）铝合金扣板

1. 铝合金扣板的定义与特点

铝合金扣板一般以铝制板材，表面通过吸塑、喷涂、抛光等工艺，光洁艳丽，色彩丰富，并逐渐取代塑料扣板(图2-2-9)。由于铝合金扣板耐久性强，不易变形、开裂，可用于公共空间吊顶装修。铝合金扣板外观形态以长条状(图2-2-10）和方块状为主，均由0.6mm或0.8mm厚铝合金板材压模成型，方块形材规格多为（长 × 宽）300mm × 300mm、350mm × 350mm、400mm × 400mm、500mm × 500mm、600mm × 600mm。

图2-2-10　条形铝合金扣板

2. 铝合金扣板的应用

图2-2-11　铝合金吸声扣板

铝合金扣板分为吸声板和装饰板两种，吸声板孔型有圆孔、方孔、长圆孔、长方孔、三角孔、大小组合孔等，底板大都是白色或铝色（图2-2-11)；装饰板特别注重装饰性，线条简洁流畅，有古铜、黄金、红、蓝、奶白等颜色可以选择。形态有长方形、方形等，长方形板的最大规格有600mm × 300mm，一般居室的宽度约5m多，较大居室的装饰选用长条形板材整体感更强，对小房间的装饰一般可选用500mm × 500mm的，由于金属板的绝热性能较差，为了获得一定的吸声、绝热功能，在选择金属板进行吊顶装饰时，可以利用内加玻璃棉、岩棉等保温吸声材质的办法达到绝热吸声的效果。

3. 铝扣板与塑料扣板的区别

主要区别主要表现在质感、安装方式、防火性和价格上：

1）从质感上：铝扣板线条流畅，颜色丰富，装饰效果要比塑料扣板要好。

2）安装方式：塑料扣板使用实木龙骨，而铝扣板则使用专用龙骨，后者拆卸更加方便。

3）防火性：塑料扣板的原材料是 PVC 板材，是能燃烧的材料；而铝扣板则使用完全不燃的材料，防火性能好。

4）价格：塑料扣板比较便宜，而铝扣板价格昂贵。

四、选购装饰材料的相关技能

（一）轻钢龙骨的选购方法

（1）外观质量：轻钢龙骨的外形要平整、棱角清晰，切口不允许有影响使用的毛刺和变形。龙骨表面应镀锌防锈，不允许有起皮、脱落等现象。对于腐蚀、损伤、麻点等缺陷也需按规定要求检测。

（2）外观质量检查时，应在距产品 0.5m 处光照明亮的条件下，进行目测检查。

（3）轻钢龙骨表面应镀锌防锈，其双面镀锌量优等品不小于 $120g/m^2$，一等品不小于 $100g/m^2$，合格品不小于 $80g/m^2$。

（4）在选购时一定要注意轻钢龙骨材质的力学强度，否则在使用时会导致结构的不稳定。有关其力学方面的性能，可参考国家标准《建筑用轻钢龙骨》的相关规定。

（二）铝合金扣板的选购方法

（1）查看其铝质厚度。优质扣板厚度一般都在 0.5mm 以上，一些较差的产品厚度只有 0.3mm。但选购铝扣板并非越厚越好，有一些不良商家会通过加厚烤漆层来增加整体厚度，一般选购 0.6mm 厚度的铝扣板就很合适了。家用金属顶棚铝扣板标准厚度为 0.6mm，过厚或者过薄都不利于家装的使用和安装。

（2）铝扣板的硬度并不是由厚度单一决定的，而是与其铝扣板的构成金属元素有关，用手弯曲板边，不易变形的为较好板型（图 2–2–12）。

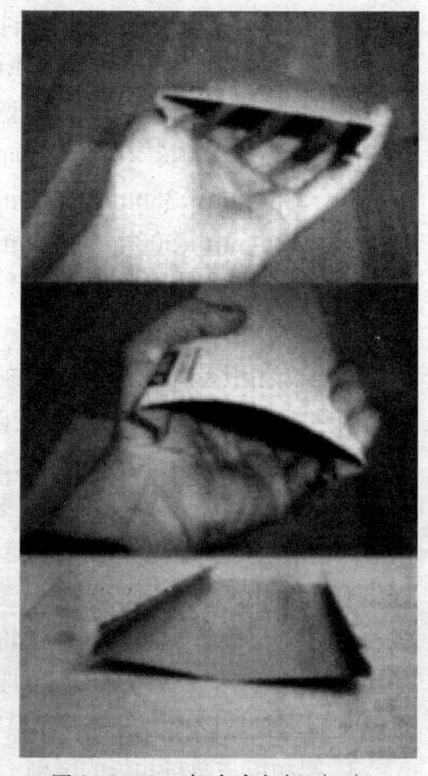

图 2–2–12　铝合金扣板（二）

（3）板的表面处理上分为喷涂、滚涂、覆膜三种，目前最受欢迎的是覆膜板，其颜色丰富而且色彩艳丽，具有轻质、耐水、不吸尘、抗腐蚀、易擦洗、易安装、立体感强、色彩柔和和美观大方等特点。

（4）铝扣板表面应该都有品牌的保护包装膜，背面也会有相应的数码打印标签。

(5) 铝扣板表面应该是光滑、无划痕、无色差的。

五、拓展与提高

(一) 骨架材料

1. 铝合金骨架

(1) 铝合金骨架的定义与特点

铝合金骨架是由经表面处理的铝合金型材，经过下料、打孔、铣槽、攻丝、制窗等加工工艺而制成的门窗框件，再与五金配件等组合装配而成。

(2) 铝合金骨架的应用

一般用于吊顶、隔墙的龙骨架和门窗框架结构。铝合金龙骨架可用作吊顶或隔断龙骨，与各种装饰板材配合使用（图 2–2–13），它具有自身质量轻、刚度大、防火、耐腐蚀、华丽明净、抗震性能好、加工方便、安装简单等特点。一般分为龙骨底面外露和不外露两种，并设计有专用配件供安装时连接龙骨使用。常用于装配吊顶的有主龙骨、次龙骨及边龙骨，尤其是外露部分给人以强烈的线型美和光泽美。

图 2–2–13　铝合金吊顶骨架

(3) 铝合金骨架材料的选购方法

1) 用手弯曲板边，板材刚度较大不易变形，且撤出外力后板的变形完全恢复，说明弹性和韧性较好。

2) 板材质量也是一个重要因素，以平整、光滑、色泽鲜艳、色差小、外观质量好的为优质。

3) 尽量选择售后服务好的国内外知名品牌。

2. 型钢骨架材料

(1) 型钢骨架材料的定义与特点

室内装饰中一些重量较大的棚架、支架、框架，需要用型钢材料作为骨架。常用的有 H 形钢（图 2–2–14）、扁钢与圆管钢等。型钢骨架易于裁剪及焊接，可以随工程要求任意加工、设计及组合，并可制造特殊规格，配合特殊工程之实际需要。

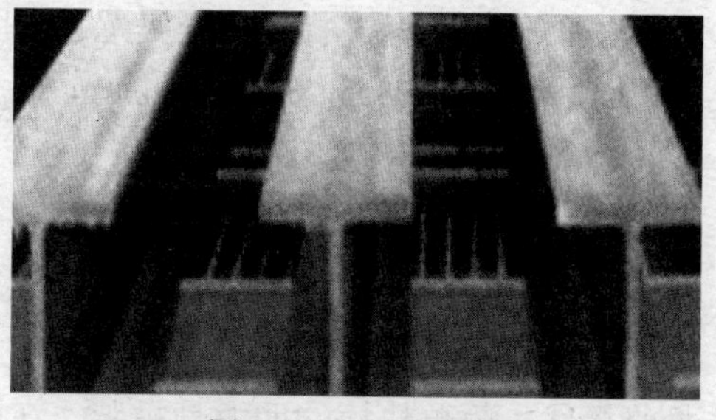

图 2–2–14　H 形钢

常用 H 形钢的产品为热轧普通槽钢，一般作为钢骨架的梁，受垂直方向力的作用。H 形钢的受力特点为：承受垂直方向力和纵向压力的能力较强，承受扭转

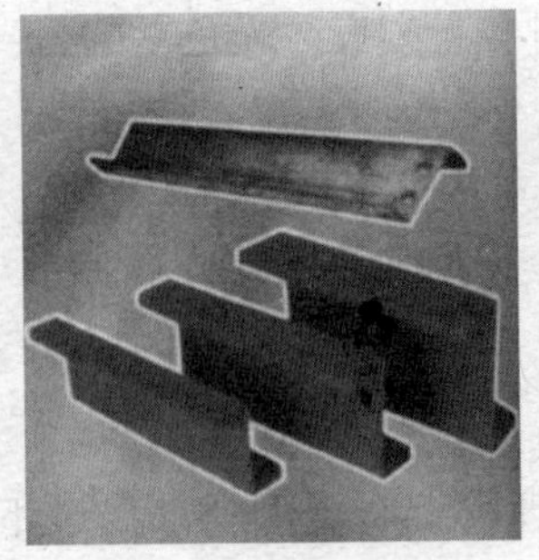
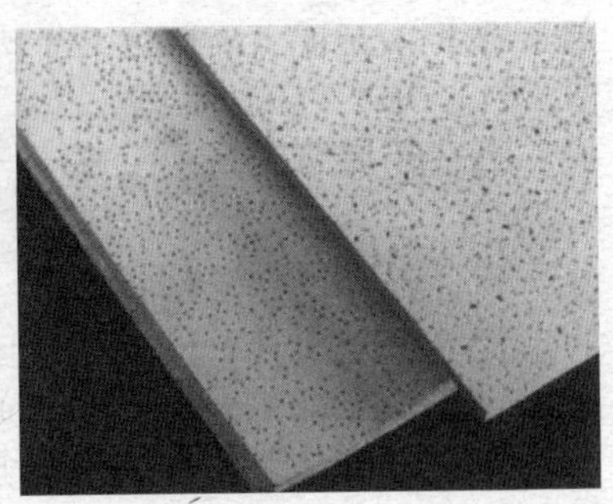

图 2-2-15 C 形钢　　图 2-2-16 Z 形钢　　图 2-2-17 矿棉板

力矩的能力较差。

冷弯型钢是一种高效经济型材，由热冷轧钢板或钢带在常温下冷加工而成，包括 C 形钢（图 2-2-15）、Z 形钢（图 2-2-16）、角钢等产品。角钢的受力特点为：承受纵向压力、拉力的能力较强，承受垂直方向力和扭转力矩的能力较差。角钢有等边角钢和不等边角钢两个系列。常用角钢的产品为热轧等边角钢和热轧不等边角钢。

（2）型钢骨架材料的应用

结构型钢包括 H 形钢和冷弯薄壁型钢等，被广泛用于檩条、屋架、桁架、钢架、墙架、吊顶龙骨、大型家具或装饰结构的框架等。H 形钢由两块翼板及一块覆板焊接，经下料、自动组合、焊接、矫正即生产出合格的 H 形产品。此外，角钢的应用较广泛，一般作为钢骨架的支撑件，也可作为承重量较轻的梁架。

（二）吊顶材料

1. 矿棉吸声板

（1）矿棉吸声板的定义与特点

矿棉吸声板又称为矿棉装饰板，简称矿棉板（图 2-2-17），是以矿渣棉为主要原料，加入适量粘结剂，经加压、烘干、饰面等工艺加工而成，具有轻质、吸声、防火、保温、隔热等优良性能，是良好的顶棚装饰材料。

矿棉板花色品种很多，有钻孔、印花、浮雕等几十个品种，施工简便，一般用于吊顶工程，直接扣压在金属龙骨上即可。矿棉板的规格多为 300、500、600、800mm 见方，厚度为 8、10、12mm 等。

（2）矿棉吸声板的应用

矿棉板用于室内吊顶装饰（图 2-2-18），一般在轻钢龙骨或铝合金龙骨下反扣安装，具有良好的吸声隔声效果。

矿棉板吊顶构造很多，并有配套龙骨，具有各种吊顶形式，易于更换板材、检修管线。简单快捷的明龙骨吊装，在同一平面或空间内多种图案灵活组合的复合粘贴法吊装，不露龙骨、可自由开启的暗插式吊装等安装方法，可以随户主需要进行选择和更新。

图 2-2-18 矿棉板吊顶在办公空间的应用

（3）矿棉吸声板的选购方法

矿棉板重量较轻，一般控制在 350 ～ 450kg/m^2 之间，同时应该选择孔隙率大，且孔隙小而密的板材。

2. 铝格栅顶棚

铝格栅（图 2-2-19）是近几年来新兴的吊顶材料之一，它是由铝质材料加工成型，并经表面处理而成。因属于绿色环保产品而受到国家建材部门大力推广，其产品特性是防火性能高、透气性好、安装简单、结构精巧、外表美观、立体感强、色彩丰富、经久耐用，特别适用于机场、车站、商场、饭店、超市及娱乐场等装饰工程（图 2-2-20）。

图 2-2-19 铝格栅

图 2-2-20 铝格栅顶棚的应用

任务二 完成餐厅墙面装饰材料的识别与选购任务

一、任务描述

任务二的成果是完成对餐厅墙面工程施工阶段的装饰材料识别与选购的任务。公装的内墙装饰不仅要兼顾装饰空间、保护墙体、维护室内物理环境，还应保证各种不同的使用条件得以实现。而更重要的是要利用装饰材料把建筑空间各界面有机的结合在一起，起到渲染、烘托室内气氛，增添文化、艺术气息的作用，从而产生不同空间视觉感受。

二、任务分析

(一) 任务工作量分析

餐厅墙面装修工程所需材料的实际提料过程是材料员对施工现场用材的一个掌握和分析过程，本施工阶段的施工内容包括：

1. 餐厅大堂背景墙制作；
2. 餐厅大堂墙面壁纸的粘贴；
3. 餐厅大堂柱面施工；
4. 餐厅包房软包墙面制作；
5. 卫生间、厨房贴砖。

了解施工内容后，要掌握施工进度、熟知施工所需的材料，拟定提料计划单即材料品牌及价格明细表（表 2–2–2）。

墙面装饰材料（主材）品牌及价格明细表　　表 2–2–2

序号	项目名称	材料名称	单位	规格	品牌产地	等级	单价
1	餐饮大堂背景墙	主龙骨	m	50 系列　1.2mm	龙牌	优等	7.29
		细木工板	张	1220mm × 2440mm	凯达	E0	138.00
		石膏板	张	3000mm × 1200mm	拉法基		36.00
		壁　纸	m^2	$5m^2$/ 卷	玉兰		18.00
		茶　镜	m^2	5mm 厚	洛阳金林		290.00
2	餐饮大堂墙面	821 腻子	袋	20kg/ 袋	美巢	优等	18.00
		墙面底漆	桶	5L	立邦		298.00
		墙面面漆	桶	15L	立邦		638.00
		壁　纸	m^2	$5m^2$/ 卷	玉兰		18.00
		文化石	m^2	150mm × 600mm × 25mm	恒通		158.00
		金属饰面板	张	1220mm × 2440mm	广州		
		人造饰面板	张	1220mm × 2440mm	广州		
3	餐饮大堂柱面	大理石	m^2	600mm × 600mm	爵士白	A 级	379.50
4	包房墙面	微薄木饰面板	张	1220mm × 2440mm	广州		
5	办公室墙面	铝塑板	张	1220mm × 2440mm	广州		
6	餐饮卫生间墙面	墙面砖（卫生间仿古砖）	m^2	450mm × 300mm	美陶		160.00

（二）任务重点难点分析

依据施工现场的施工进度提出的提料计划单（表 2-2-1），到材料市场去选购。难点是如何能识别墙面装饰材料质量的优劣，重点是选购墙面装修的主要材料，如裱糊类、隔断类、涂刷与贴砖等符合装饰要求的材料。

三、识别装饰材料的相关知识

（一）隔墙轻钢龙骨（图 2-2-21）

墙面造型木龙骨和墙面轻钢龙骨的识别知识详见棚面龙骨部分。

（二）墙面人造饰面板

1. 纤维板

（1）纤维板的定义与特性

纤维板又称为密度板，是采用森林采伐后的剩余木材、竹材和农作物秸秆等下脚废料加工而成的（图 2-2-22）。将研磨后的碎屑加入外加剂和粘结剂，通过板坯铸造成型，构造致密，隔声、隔热、绝缘和抗弯曲性较好，生产原料来源广泛，成本低廉，但是对加工精度和工艺要求高。

纤维板根据成型压力、体积密度的不同，分为软质纤维板（体积密度 $<500\text{kg/m}^3$）、中质纤维板（体积密度 $>500\text{kg/m}^3$）也叫中密度纤维板和硬质纤维板（体积密度 $>800\text{kg/m}^3$）。一般型材规格为（长 × 宽）2440mm × 1220mm，厚度 3 ~ 25mm 不等，价格也因此不同。

1）硬质纤维板

硬质纤维板的强度高，耐磨、不易变形，可用于墙壁、地面、家具等。硬质纤维板幅面尺寸有 610mm × 1220mm、915mm × 1830mm、1000mm × 2000mm、915mm × 2135mm、1220mm × 1830mm、1220mm × 2440mm、厚度为 2.50、3.00、3.20、4.00、5.00mm。硬质纤维板按其物理力学性能和外观质量分为特级、一级、二级、三级四个等级，各等级应符合国家标准的规定。

图 2-2-21　墙面隔墙轻钢龙骨

图 2-2-22　纤维板

2）中密度纤维板

中密度纤维板按体积密度分为80型（体积密度为0.80g/cm^2）、70型（体积密度为0.70g/cm^2）、60型（体积密度为0.60g/cm^2），按胶粘类型分为室内用和室外用两种。中密度纤维板的长度为1830、2135、2440mm，宽度为1220mm，厚度为10、12、15（16）、18（19）、21、24（25mm）等。中密度纤维板按外观质量分为特级品、一级品、二级品三个等级，各等级的外观质量和物理性能应满足国家标准的规定。

3）软质纤维板

软质纤维板的结构松软，故强度低，但吸声性和保温性好，主要用于吊顶等。

(2) 纤维板的应用

纤维板适用于室内装修中的家具制作。现今市场上所售卖的纤维板都是经过了二次加工和表面处理，外表面一般覆有彩色喷塑装饰层，色彩丰富多样，可选择性强。

中、硬质纤维板可替代普通木板或木芯板，制作衣柜、储物柜时可以直接用作隔板或抽屉壁板（图2-2-23），使用螺钉连接，无须贴装饰面材，简单方便。而软质纤维板多用作吸声、绝热材料，如墙体吸声板。

图2-2-23 纤维板家具

2. 刨花板

(1) 刨花板的定义与特性

刨花板是利用施加胶料和辅料或未施加胶料和辅料的木材或非木材植物制成的刨花材料（如木材刨花、亚麻屑、甘蔗渣等），经高压制成。其剖切面成蜂窝状，表面通常采用彩色饰面双面压合。刨花板在加工时需要精密设备切割，并用专配连接件组装。

刨花板的内部为交叉错落结构的颗粒状，横向承重力较好（图2-2-24、图2-2-25），而价格相对于中密度板便宜。板材质量差异大，不易辨别，抗弯和抗拉力较差，握钉力差易松动。一般型材规格为（长×宽）2440mm×1220mm，厚度6～30mm不等。

(2) 刨花板的应用

刨花板多用作吸声、绝热材料，也有用于外部装饰面、隔断、柜体等。

图 2–2–24　刨花板

图 2–2–25　刨花板断面

3．人造饰面板

（1）人造饰面板的定义与特性

人造饰面板是以胶合板、刨花板、纤维板、复合板、微薄木等为基材，表面经过贴塑处理或经压制处理成各种起伏效果，如铝箔板、波纹板、浮雕板、网孔板、砂岩板等（图 2–2–26）。普通人造饰面板规格为（长 × 宽）2440mm × 1220mm，厚度 6 ~ 30mm 不等。特殊品种厂家自定规格。

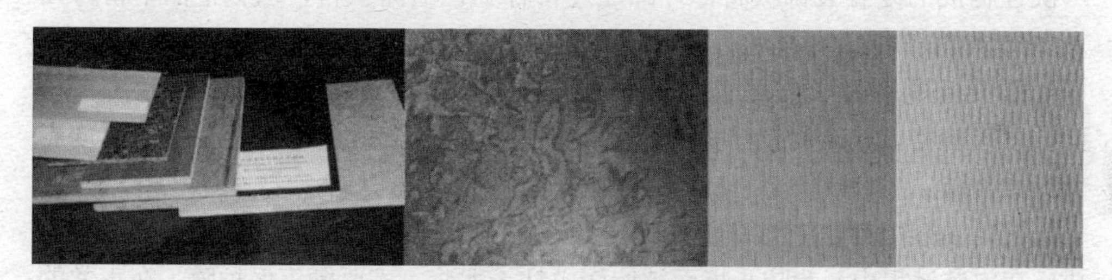

图 2–2–26　人造装饰面板

人造饰面板一般分为印刷木纹胶合板、印刷木纹纤维板、印刷木纹刨花板。它具有强度高、抗老化、表面平整光洁、不开裂、不变形、纹理色泽清晰逼真、质感强、耐污染、耐候性强等特点。

（2）人造饰面板的应用

人造饰面板广泛应用于室内装修中的家具贴面、门窗饰面、墙顶面装饰等，使用胶粘剂粘接在基层板上即可。

4．防火板

（1）防火板的定义与特性

防火板面一般是由表层纸、色纸、基纸（多层牛皮纸）三层构成的。表层纸与色纸经过三聚氰氨树脂成分浸染，经干燥后磨合在一起，在热压机中通过高温高压制成。使防火板具有防火耐磨、耐划等物理性能。多层牛皮纸使防火板具有良好的抗冲击性、柔韧性。

防火板图案、花色丰富多彩，有仿木纹（图 2-2-27）、仿石纹、仿皮纹、纺织物和净面色等多种，表面多数为高光色，也有呈麻纹状、雕状。防火板耐湿、耐磨、耐烫、阻燃，耐一般酸、碱、油渍及酒精等溶剂的侵蚀。

图 2-2-27 仿木纹防火板

一般型材规格为（长 × 宽）2440mm × 1220mm，厚度为 0.6、0.8、10、1.2mm 不等，少数纹理色泽较好的品种多在 0.8mm 以上，价格也不尽相同。

（2）防火板的应用

防火板广泛应用于防火工程，在家居装饰装修中一般用于厨房橱柜的台面和柜门的贴面装饰，具有很好的审美效果，同时也可以耐高温、防明火。

5. 铝塑板

（1）铝塑板的定义与特性

铝塑板是采用高纯度铝作为表面，聚氯乙烯塑料板作为芯材，经由高温高压一次性构成的复合装饰板材，外部经过特种工艺喷涂塑料，色彩艳丽丰富（图 2-2-28），长期使用不褪色。

铝塑板规格为（长 × 宽）2440mm × 1220mm，分为单面和双面两种，单面较双面价格低，单面铝塑板的厚度一般为 3mm、4mm，双面铝塑板的厚度有 5mm、8mm。

铝塑板的外表覆有 PVC 保护膜（图 2-2-29）。保护膜是由黑白双层聚乙烯组成，在安装过程中，为防止板面被擦伤或粘上泥浆，不要撕下保护膜。在正常的气候条件下，6 个月内撕下保护膜，不会发生胶转移或对板材造成其他损坏，当然施工完后及时撕去保护膜最佳。

图 2-2-28 铝塑板（一）

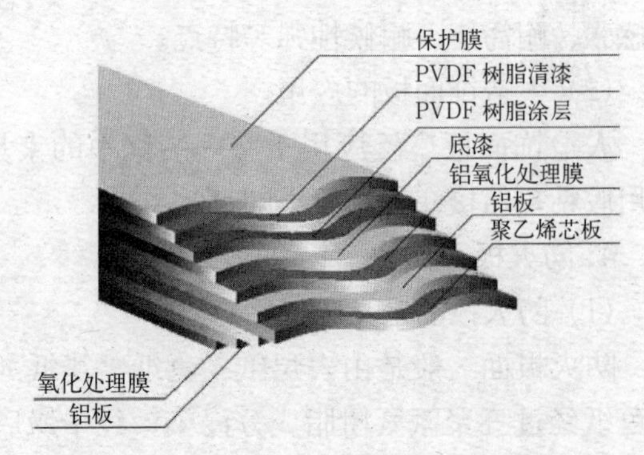

图 2-2-29 铝塑板（二）

（2）铝塑板的应用

铝塑板最初用于建筑外立面装修，近几年来，室内装饰装修也逐渐开始使用。施工简便不变形，尤其是防水性能好，一般用于客厅电视背景墙造型、装饰吊顶、厨房和卫生间的柜面装饰等。

（三）陶瓷墙面砖

1. 仿古砖

（1）仿古砖的定义与特点

近几年市场上出现了一种称作“仿古砖”的墙地面砖，实际上是使用设计制造成形的模具压印在普通瓷砖或全瓷砖上，铸成凹凸的纹理，其古朴典雅的形式受到人们的喜爱（图 2–2–30）。仿古地砖多为橘红、土红、深褐等色，部分砖块设计时还具有拼花效果（图 2–2–31），视觉上有凹凸不平感，有很好的防滑性。

（2）仿古砖的应用

仿古地砖的规格大多是（长 × 宽 × 厚）300mm × 800mm × 5mm、330mm × 330mm × 6mm、600mm × 600mm × 8mm、800mm × 800mm × 10mm，每 m^2 价格在 50 ～ 180 元之间。高档仿古砖还设计成拼花，可选性很强。仿古砖在进入居室前，多用在咖啡厅、酒吧中，古朴的风格与幽雅的环境相结合，独特的装饰效果深受年轻人的喜爱。在铺设仿古地砖时，最好使用两种不同的色系，将地砖铺成对称的菱形块，色彩对比性强，装饰效果明显。

（四）不锈钢板

1. 不锈钢装饰板的定义与特性

不锈钢装饰板又称为不锈钢薄板，表面根据需求不同而采取不同的抛光、浸渍处理，用于装饰装修的不锈钢装饰板一般分为镜面板、雾面板（哑光板）、丝面

图 2–2–30　仿古砖应用

图 2–2–31　仿古砖样式

图 2-2-32　不锈钢装饰板的应用

图 2-2-33　电梯间不锈钢装饰板的应用

图 2 2-34　钻孔不锈钢装饰板的应用

板、雕刻板、凸凹板、弧形板、球形板等。它具有一定的强度，装饰效果极佳，尤其是镜面板光亮如镜，反射率、变形率与高级镜面玻璃相差无几，且耐火、耐潮、耐腐不变形、不破碎，安装方便（图 2-2-32、图 2-2-33、图 2-2-34）。

不锈钢装饰板的规格为（长 × 宽）2440mm × 1220mm，厚度为 0.3 ~ 8.0mm 不等。

2. 不锈钢装饰板的应用

不锈钢装饰板一般用于对耐磨损性要求高的部位，如厨房面台、电梯门套、楼梯扶手栏杆等，外表面在施工时贴有 PVC 保护膜，保护不锈钢板材不被划伤，待施工完成后再揭掉。不锈钢装饰板对腐蚀具有较高的抵抗力，但并非完全不腐蚀。

四、选购装饰材料的相关技能

（一）人造板材的选购方法

1. 纤维板

(1) 厚度均匀，板面平整、光滑，没有污渍、水渍、粘迹。四周板面细密、结实、不起毛边。

(2) 含水率低，吸湿性小。

(3) 可以用手敲击板面，声音清脆悦耳的纤维板质量较好。声音发闷，则可能发生了散胶问题。

2. 刨花板

(1) 表面清洁度：表面清洁度好的刨花板表面应无明显的颗粒。

(2) 表面光滑度：用手抚摸表面时应有光滑感觉，如感觉较涩则说明加工不到位。

(3) 板面密实度：表面应密实、平整，如从断面看去不密实不平整，则说明材料或加工工艺有问题。

纤维板和刨花板的环保检测标准为：甲醛含量≤ 9mg/100g 才可直接用于室内，而> 9mg/100g ≤ 30mg/100g 时必须经过饰面处理后才允许用于室内。

3. 人造饰面板

(1) 首先，我们要鉴定人造饰面板与天然饰面板，人造饰面板纹理通直、有规则，色泽一致，而天然饰面板则纹理图案自然变异性大，无规则（图 2-2-35）。

图 2-2-35　人造饰面板

(2) 其次，饰面板外观装饰性好，材质应细致均匀、色泽清晰、木纹美观，配板与拼花的纹理应按一定规律排列，木色相近，拼缝与板边近乎齐平。表面色彩要一致，无疤痕。

(3) 饰面板基层与表面木皮质量要好。基层的厚度、含水率、表层木皮的厚度应达到国家标准。表层木皮的厚度不能太薄，太薄会透底，影响美观。

(4) 胶层结构稳定，无开胶现象。木皮与基材一定要接缝严密，木皮与基材、基材内部各层之间不能出现鼓泡、分层、脱胶现象。可以用刀撬法来检验胶合强度，用锋利平口刀片沿胶层撬开，如果胶层被破坏，但木材完好无损，说明胶合强度差。

(5) 闻气味，如果刺激性异味强烈，说明甲醛释放量超标，会严重污染室内环境，用在室内也就越危险。我们可以向商家索取检测报告，看该产品是不是符合环保标准。

(6) 选购时要选择背板右下角有标明饰面板类别、等级、厂家名称等标记的正规厂家生产的产品。

4. 防火板

(1) 图案应清晰透彻、效果逼真、立体感强。

(2) 没有色差。

(3) 表面应平整光滑、耐磨。

5. 铝塑板

(1) 看铝塑板是否表面平整光滑、无波纹、鼓泡、疵点、划痕。

(2) 测量铝塑板厚度是否达到国际要求，内墙板 3mm，外墙板 4mm。

(3) 折铝塑板一角，易断裂的不是 PE 材料或掺杂使假。

(4) 烧铝塑板中间材料，真正 PE 会完全燃烧，掺杂使假的燃烧后有杂质。

(5) 刨槽折弯时，看正面是否断裂。

(6) 索要生产厂家质检报告，质保书，ISO−9002 国际质量认证书，拥有这些的厂家是正规的生产商，可保证产品质量，同等价格比质量，同等质量比价格

(二) 仿古砖的选购方法

1. 质量

鉴别优劣仿古砖的方法有很多，常用的是测吸水率、听敲击声音、刮擦砖面、细看色差等。测吸水率最简单的操作是把一杯水倒在瓷砖背面，扩散迅速的，表明吸水率高，在厨卫空间使用就不太合适，因为厨房和卫生间常处于水环境中，必须用吸水率比较低的产品才行。好的产品用手敲击后发出清脆的声音，即使用硬物划一下砖的釉面，也不会留下痕迹，而且同批砖片色差非常小，光泽纹理也十分一致，这样，就比较适合大面积整体铺装，塑造出和谐大气的美学效果。品质过关后，花色、图案、规格、风格的选择搭配就看主人的喜好了，仿古砖一般都经久耐用。

2. 款式

目前最为流行的仿古瓷砖其款式有单色砖和花砖之分。单色砖主要用于大面积铺装，而花砖则作为点缀用于局部装饰。一般花砖图案都是手工彩绘，其表面为釉面，复古中带有时尚之感，简洁大方又不失细节。此外，复古的气息通常也通过砂岩质地的砖饰来体现。

3. 搭配

原则上小房间使用小尺寸的瓷砖，大房间使用大尺寸的瓷砖。在视觉上，大块砖使表面扩展，小块砖能丰富小空间；但是时下流行的趋势，仍是以大块砖为主，因为人们喜欢视野开阔一些。

(三) 不锈钢装饰板的选购方法

在购买时应注意观察不锈钢装饰板外部的贴塑护面是否被划伤、贴塑是否完整、板材厚度是否均匀；其次看产品的标识与厂家。

五、拓展与提高

(一) 彩色涂层钢板

1. 彩色涂层钢板的定义与特性

彩色涂层钢板是以热轧钢板、镀锌钢板为基层，涂饰 0.5mm 的软质或半硬质有机涂料覆膜制成，分单面覆层和双面覆层两种。常用的有机涂层为聚氯乙烯、聚丙烯酸酯、环氧树脂、醇酸树脂等。这些涂料具有绝热、耐腐蚀性强、强度高等特点，颜色有灰、紫、红、绿、橙及茶色等。为了提高板材的抗压性，一般将钢板压制成波纹凸凹或梯形凸凹状（图 2−2−36、图 2−2−37、图 2−2−38）。

2. 彩色涂层钢板的应用

彩色涂层钢板一般用于阳台、露台顶棚或隔墙的制作。其规格有长2000、800mm，宽1000、450、400mm，厚0.35、0.5、0.6、0.7、0.8、1.0、15、20mm等。

图2-2-36　彩色涂层钢板（一）

3. 彩色涂层钢板的识别与选购

（1）看涂层是否均匀；

（2）涂层光泽、色差；

（3）看钢板的厚度。

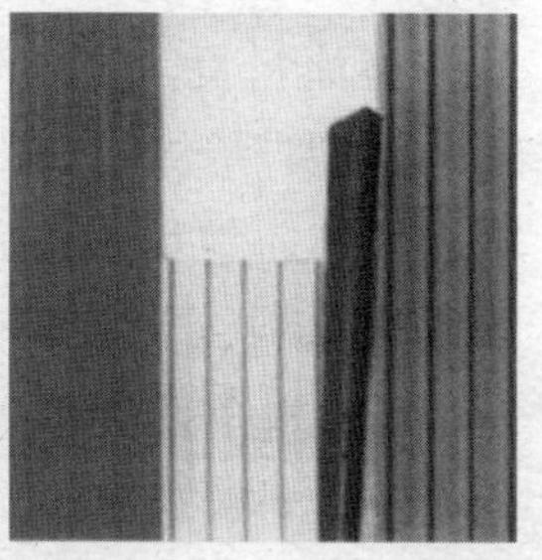

图2-2-37　彩色涂层钢板（二）

（二）外墙涂料

外墙涂料不仅能美化城市环境，同时能够起到保护建筑物外墙的作用，延长其使用寿命。常用的外墙涂料有合成树脂乳液型外墙涂料和合成树脂溶剂型外墙涂料。

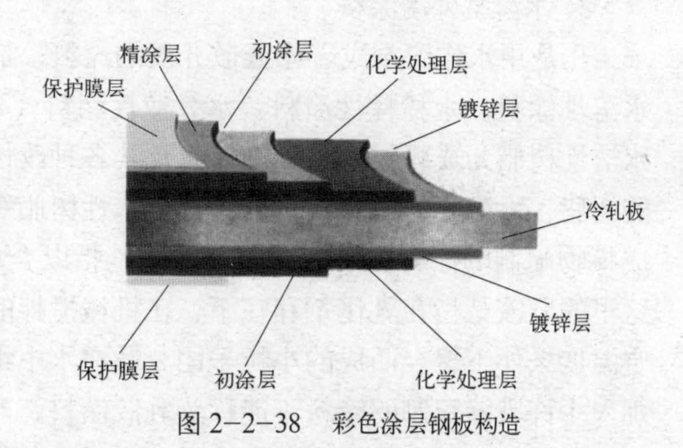

图2-2-38　彩色涂层钢板构造

1. 合成树脂乳液型外墙涂料

合成树脂乳液外墙涂料是以合成树脂乳液作为主要成膜物质，加入着色颜料、体质颜料和助剂，经过混合、研磨而加工的外墙涂料（图2-2-39）。按涂料的质感可分为薄质乳液涂料（乳胶漆）、厚质涂料及彩色砂壁状涂料等。合成树脂乳液外墙涂料的主要技术指标必须符合国家标准《合成树脂乳液外墙涂料》GBT 9755—2005的规定，其特点涂刷后无污染，施工方便。

2. 合成树脂溶剂型外墙涂料

溶剂型涂料是以高分子合成树脂为主要成膜物质，有机溶剂为分散介质，加入一定量的着色颜料、体质颜料和助剂，

图2-2-39　外墙涂料

经混合、搅拌溶解、研磨而配制成的涂料（图2-2-40）。这种涂料涂刷后，随着涂料中所含的溶剂的挥发，成膜物质与其他不挥发组分共同形成均匀连续的涂层薄膜。因其涂膜致密，具有较高的光泽、硬度、耐水性、耐酸性及良好的耐候性、耐污染性，因而主要用于建筑物的外墙涂饰。但由于施工时有大量易燃的有机溶剂挥发，容易污染环境，且涂料价格一般比乳液型涂料贵，国内外这类外墙涂料的用量低于乳液型外墙涂料的用量。

图2-2-40　溶剂型外墙涂料

目前，常用的溶剂型外墙涂料有：氯化橡胶外墙涂料、聚氨酯丙烯酸酯外墙涂料、丙烯酸酯有机硅外墙涂料等。其中聚氨酯丙烯酸酯外墙涂料和丙烯酸酯有机硅外墙涂料的耐候性、装饰性、耐玷污性都很好，涂料的耐用性都在10年以上。合成树脂溶剂型外墙涂料的技术性能应符合国家标准《合成树脂溶剂外墙涂料》GBT 9757—2005的规定。

3．水溶型外墙涂料

凡是用水作溶剂或者作分散介质的涂料，都可称为水性涂料。水性涂料包括水溶性涂料、水稀释性涂料、水分散性涂料（乳胶涂料）3种。水溶性涂料是以水溶性树脂为成膜物，以聚乙烯醇及其各种改性物为代表，除此之外还有水溶醇酸树脂、水溶环氧树脂及无机高分子水性树脂等。水稀释性涂料是指以乳化液为成膜物配制的涂料。水分散涂料主要是指以合成树脂乳液为成膜物配制的涂料。这里的乳液是指在乳化剂存在下，在机械搅拌的过程中，不饱和乙烯基单体在一定温度条件下聚合而成的小粒子团分散在水中组成的分散乳液。将水溶性树脂中加入少许乳液配制的涂料不能称为乳胶涂料。严格来讲水稀释涂料也不能称为乳胶涂料，但习惯上也将其归类为乳胶涂料。其优点是生产简易，施工方便，涂膜光泽高；缺点是要求墙面特别平整，否则易暴露不平整的缺陷，且有溶剂污染。水溶型外墙涂料一般适用于工业厂房。

4．砂壁状外墙涂料

砂壁状涂料（俗称真石漆）是采用合成树脂乳液、天然彩砂（石英砂）、多种功能性助剂复配而成，经过喷涂（或抹涂）施工形成具有天然石材装饰效果的建筑涂料，是合成树脂乳液砂壁状建筑涂料的一种。通过采用不同颜色、不同粒径的天然彩砂组合搭配可以形成多种装饰效果。

真石漆的产品特点：

（1）采用天然石为骨料，具有优异的耐候性和紫外线稳定性，永不褪色。

（2）不同粒径及色泽骨料的不同组合可以获得质感丰富、色彩多样的仿天然石材装饰效果，高贵典雅、庄重大方。

(3) 采用合成树脂乳液作为主涂料的基料，粘结力强且无毒无味，施工使用方便。

(4) 涂料采用喷涂施工，工艺简单、省时易干、施工工具可用水清洗。

(5) 选用真石漆专用乳液与罩面漆，耐水，耐污染性好，遇水涂膜不泛白。

(6) 仿石型外观。有优良的耐候性、耐碱性、保色性，以及极高的附着强度。

缺点：耐玷污性差，施工干燥期长。

适用范围：适宜于厂房、办公室、住宿、宾馆、学校、商店等建筑物的外墙装饰。涂覆后可使建筑物显得更为庄重、典雅、华丽，起到美化环境的作用。

5. 外墙涂料的选购

(1) 除考虑价格因素，更应重视产品的质量，选购知名企业生产的符合国家标准要求的外墙涂料。

(2) 查看外观和标识，首先要确保包装桶完好，特别是在铁桶的接缝或焊缝处应没有锈蚀渗漏现象；然后再看包装桶上的明示标识，产品型号、名称、批号、色号、标准号、重量、厂名、厂址、生产日期及有效期应齐全。

(3) 了解所购产品的主要成膜物质及施工注意事项。

任务三　完成餐厅地面装饰材料的识别与选购任务

一、任务描述

任务三的成果是完成对餐厅地面工程施工阶段的装饰材料识别与选购的任务。公装中室内楼地面的装饰装修，因空间、环境、功能以及设计标准（要求）的不同而有所差异，但总体的选材应注重满足使用的舒适性，热舒适感，声舒适感，有效空间感，耐久性，安全性等。

二、任务分析

(一) 任务工作量分析

餐厅地面装修工程所需材料的实际提料过程是材料员对施工现场用材的一个掌握和分析过程，本施工阶段的施工内容包括：

1. 餐厅地面施工；

2. 包房地面铺地毯；

3. 办公室地面施工；

4. 厨房地面贴砖；

5. 卫生间地面贴砖。

了解施工内容后，要掌握施工进度、熟知施工所需的材料，拟定提料计划单即材料品牌及价格明细表（表 2-2-3）。

地面装饰材料（主材）品牌及价格明细表　　表 2-2-3

序号	项目名称	材料名称	单位	规格	品牌产地	等级	单价
1	餐饮大堂地面	防滑地砖	m^2	600mm × 600mm	诺贝尔	优质	220.00
		花岗石	m^2	600mm × 600mm	金花米黄	A 级	425.04
2	包房地面	纯毛地毯	m^2	4m 宽	东升		168.00
3	餐饮卫生间	仿古地砖	m^2	600mm × 600mm	诺贝尔		160.00
		防水涂料	桶	20kg/ 桶	佳一，沈阳	优等	450.00

（二）任务重点难点分析

依据施工现场的施工进度提出的提料计划单到材料市场去选购。难点是如何能识别地面装饰材料质量的优劣，重点是选购地面装修的主要材料，如铺砖类、地板类、地毯类等符合装饰要求的材料。

三、识别装饰材料的相关知识

（一）石材

天然石材是高档建筑装饰选材的主导品类，它天然浑厚，华贵而坚实，但价格较贵，施工期较长。评价公用建筑装修档次高低主要是看天然石材的用量，因此，近几年天然石材是建筑装修不可缺少的材料。

1. 装饰石材的形成

石材是将岩石通过加工制成的。地球上一种固有的物质形体是岩石，而岩石是地壳变动产生大量的高温高压，在一定的温度、压力条件下，由一种或多种不同元素的矿物质按照一定比例重新结合，冷却后形成的，它在地球表部构成了坚硬的外壳，这又可称为岩石层。不同的岩石有不同的化学成分、矿物成分和结构构造，目前已知的岩石有 2000 多种。

用作装饰装修的石材，无论花岗岩还是大理石，都是指具有装饰功能和审美感，并且可以经过切割、打磨、抛光等应用加工的天然石材。

2. 装饰石材的种类

虽然岩石的面貌是千变万化的，但是从它们形成的环境、成因上来看，可以分为：沉积岩、岩浆岩和变质岩。

1）沉积岩: 在地表或近地表形成的一种岩石类型。它是由风化产物、火山物质、有机物质等碎屑物质在常温常压下经过搬运、沉积和石化作用，最后形成的岩石。此外，火山爆发喷射出大量的火山物质也是沉积物质的来源之一；植物和动物有机质在沉积岩中也占有一定比例。不论哪种方式形成的碎屑物质都要经历搬运过程，然后在合适的环境中沉积下来，经过漫长的压实作用，石化成坚硬的沉积岩。

2）岩浆岩：也叫火成岩，是在地壳深处或在上地幔中形成的岩浆，在侵入到地壳上部或者喷出到地表冷却固结以后经过结晶作用形成的岩石。

3）变质岩：在地壳形成和发展过程中，早先形成的岩石，包括沉积岩、岩浆岩，由于后来地质环境和物理化学条件的变化，在固态情况下发生了矿物组成调整、结构构造改变甚至化学成分的变化，从而形成一种新的岩石，这种岩石被称为变质岩。变质岩是大陆地壳中最主要的岩石类型之一。

下面介绍几种常见的石材。

（1）天然花岗石

1）天然花岗石的定义与特点

花岗石，主要成分是二氧化硅，矿物质成分有石英、长石和云母，是一种全晶质天然岩石。体积密度一般为2300 ~ 2800kg/m^2；抗压强度高，约为120 ~ 250MPa；孔隙率小，约为0.19% ~ 0.36%；吸水率低，约为0.1% ~ 0.3%；传热快，导热系数为2.9W/（m · K）。花岗石构造致密、强度高、密度大、吸水率低、材质坚硬、耐磨，属硬石材。

按晶体颗粒大小可分为细晶、中晶、粗晶及斑状等多种，颜色丰富、多样有灰黑色、红黑色、纯黑色、灰色、黄色、深红色等（图2-2-41）。优质的花岗石质地均匀，构造紧密，石英含量多而云母含量少，不含有害杂质。

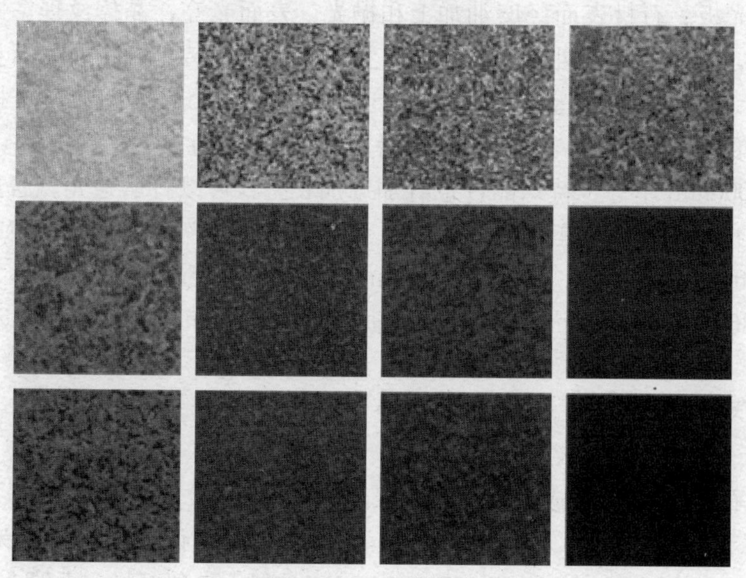

图2-2-41　花岗石

花岗石在室内装饰中应用广泛，具有良好的硬度，抗压强度高，磨性好，耐久性高，抗冻、耐酸、耐腐蚀，不易风化，表面平整光滑，棱角整齐，色泽稳重、大方，一般使用年限约数十年至数百年，是一种较高档的装饰材料。

花岗石一般存于地表深层处，有的颜色的花岗石具有一定的放射性，大面积用在室内的狭小空间里，对人体健康会造成不利影响。花岗石自重大，在装饰装修中增加了建筑的负荷。此外，花岗石中所含的石英会在570℃及870℃时发生晶格变化，产生较大体积膨胀，致使石材开裂，故发生火灾时花岗岩不耐火。

2）天然花岗石的应用

花岗石的应用繁多，一般用于室内的墙、柱、楼梯踏步、地面、厨房台柜面、窗台面的铺贴。由于应用的部位不同，花岗岩石材表面通常被加工成剁斧板、机刨板、粗磨板、火烧板、磨光板等样式。

①剁斧板。石材表面经手工剁斧加工，板表面粗糙，呈有规则的条状斧纹。表面的质感粗犷大方，用于防滑地面台阶等。

②机刨板。石材表面被机械刨成较为平整的表面，有相互平行的刨切纹，用于与剁斧板材类似的场合（图 2–2–42）。

图 2–2–42　机刨板

③粗磨板。石材表面经过粗磨，表面平滑无光泽。主要用于需要柔光效果的墙面、柱面、台阶、基座、纪念碑等。

④火烧板。表面粗糙，在高温下形成。生产时对石材加热，晶体爆裂，因而表面粗糙、多孔，板材背后必须用渗透密封剂。

⑤磨光板。石材表面经磨细加工和抛光，表面光亮，晶倖纹理清晰，颜色绚丽多彩，多用于室内外地面、墙面、立柱、台阶等装饰。花岗岩石材的大小可随意加工，用于铺设室内地面的厚度为 20 ~ 30mm，铺设家具台柜的厚度为 18 ~ 20mm 等。市场上零售的花岗石宽度一般为 600 ~ 650mm，长度在 2000 ~ 5000mm 不等。特殊品种也有加宽加长型，可以打磨边角。若用于大面积铺设，也可以订购同等规格的型材，如（长 × 宽 × 厚）300mm × 300mm × 15mm、500mm × 500mm × 20mm、600mm × 600mm × 25mm、800mm × 800mm × 30mm、800mm × 600mm × 30mm、1000mm × 1000mm × 30mm、1200mm × 1200mm × 40mm 等。

（2）天然大理石

1）天然大理石的定义与特点

大理石是一种变质或沉积的碳酸石，主要矿物质成分有方解石、蛇纹石和白云石等，化学成分以碳酸钙为主，占 50%以上。体积密度一般为 2500 ~ 2600kg/m^2；抗压强度较高约为 47 ~ 140MPa，属于中硬石材。天然大理石质地细密，抗压性较高，吸水率小于 10%，耐磨、耐弱酸，不变形，有天然的纹理，装饰效果极佳。相对花岗石而言更易于雕琢磨光。纯大理石为白色，我国又称其为汉白玉，但分布较少。普通大理石含有氧化铁、二氧化硅、云母、石墨、蛇纹石等杂石，使大理石呈现为红、黄、黑、绿、棕等各色斑纹，色泽肌理的装饰性极佳。

天然大理石的色彩纹理一般分为云灰、单色和彩花三大类。云灰大理石花纹以灰色为主或是乌云滚滚，或是浮云漫天，有些很像水的波纹，又称水花石，纹理美观大方。单色大理石色彩单一，如色泽洁白的汉白玉、象牙白等属于白色大理石，纯黑如墨的中国黑、墨玉等属于黑色大理石。彩花大理石呈层状结构的结晶或斑状条纹，经过抛光打磨后，呈现出各种色彩斑斓的天然图案，可以制成由天然纹理构成的山水、花木等美丽画面。

大理石的抗风化性能较差，不宜用作室外装饰，空气中的二氧化硫会与大理石中的碳酸钙发生反应，生成易溶于水的石膏，使表面失去光泽、粗糙多孔，从而降低了装饰效果，因此大理石不适宜室外墙地面的使用。

2）天然大理石的应用

大理石与花岗岩一样，可用于室内各部位的石材贴面装修，但强度不及花岗岩，在磨损率高、碰撞率高的部位应慎重考虑。大理石的花纹色泽繁多，可选择性强。饰面板材表面需经过初磨、细磨、半细磨、精磨、抛光等工序，大小可随意加工，可打磨边角。常见的大理石品种有：中国黑、黑金砂、金花米黄、英国棕、大花绿、啡网纹、爵士白等（图 2–2–43），其中又分国产和进口多种，价格在每平方米 100 ~ 500 元，具体规格根据需求订制加工。

图 2–2–43　天然大理石

（二）地毯的相关知识

1. 纯毛地毯

（1）纯毛地毯的定义与特点

地毯的原料以羊毛应用最早，纯羊毛地毯主要原料为粗绵羊毛，它毛质细密，具有天然的弹性，受压后能很快恢复原状，它采用天然纤维，不带静电，不易吸尘土，还具有天然的阻燃性。纯羊毛地毯根据织造方式不同，一般分为手织、机织、无纺等品种（图 2–2–44、图 2–2–45）。

纯毛地毯图案精美，色泽典雅，不易老化、褪色，具有吸音、保暖、脚感舒适等特点，它是高档的地面装饰材料，备受人们的青睐，但是它的抗潮湿性较差，

图 2-2-44 纯毛地毯（一）

图 2-2-45 纯毛地毯（二）

而且容易发霉虫蛀，如果发生这类现象，就会影响地毯外观，缩短使用寿命。

(2) 纯毛地毯的应用

使用纯毛地毯的房间要保持室内通风干燥，而且要经常进行清洁。家居室内空间一般可选用轻薄的小块羊毛地毯局部铺设，使家更显华丽舒适。如根据家具色彩，在床边、沙发旁置一块色泽素雅的羊毛地毯，或者选用本色的羊毛，搭配线条简单的图案，可以使居室呈现一种华贵典雅的效果。

四、选购装饰材料的相关技能

(一) 天然石材的相关选购技能

天然石材的选购方法

对于加工好的成品饰面石材，其质量好坏可以通过以下四个方法来鉴别：

(1) 观：即肉眼观察石材的表面结构。优质均匀的细料石材具有细腻的质感，为石材佳品；粗粒及不等粒结构的石材其外观效果较差，机械力学性能也不均匀，质量稍差（图 2-2-46、图 2-2-47）。另外，由于地质作用的影响，石材中会产生一些细微裂缝，但优质石材没有裂缝，只有劣质石材有裂纹、裂缝。至于缺棱角更是影响美观，选择时尤其需要注意。

图 2-2-46 优质天然石材外观

图 2-2-47 劣质天然石外观

（2）量：即量石材的尺寸规格，以免影响拼接，或造成拼接后的图案、花纹、线条变形，影响装饰效果。

（3）听：即听敲击石材的声音。一般而言，质量好的石材其敲击声清脆、悦耳，相反，若石材内部存在显微裂隙或因风化导致颗粒间接触变松，则敲击声粗哑，沉闷。

图 2–2–48　染色中国红大理石

（4）试：既在石材的背面滴上一小滴墨水，如墨水很快四处分散浸开，即表明石材内部颗粒松动或存在缝隙，石材质量不好；反之，若墨水滴在原地不动，则说明石材致密，质地好。

近年来，市场上出现一些经过染色加工的装饰石材，在使用中容易掉色褪色，在选购过程中需要仔细辨别：染色石材颜色艳丽，光泽度方面却不自然；石板的断口处经利器磨边可看到染色渗透的层次，染色石材一般采用石质不好、孔隙率大、吸水率高的石材，用敲击法即可辨别。天然石材一般声音清脆响亮；通过涂机油以增加光泽度的石材，其背面有油渍感；涂膜的石材虽然光泽度高，但膜的强度不够、易磨损、对光看有划痕；涂蜡以增加光泽度的石材（图 2–2–48），用火柴或打火机一烘烤，蜡面即失去，现出本来面目。

（二）地毯的相关选购技能

纯毛地毯的选购方法与步骤

（1）看原料：优质纯毛地毯的原料一般是精细羊毛，其毛长且均匀，手感柔软，富有弹性，无硬根；劣质地毯的原料往往混有发霉变质的现象，用手抚摸时无弹性，有硬根。

（2）看外观：优质纯毛地毯图案清晰美观，绒面富有光泽，色彩均匀，花纹层次分明，下面毛绒柔软，倒顺一致；而劣质地毯则色泽黯淡，图案模糊，毛绒稀疏，容易起球粘灰，不耐脏。

（3）看脚感：优质纯毛地毯脚感舒适，不粘不滑，回弹性很好，踩后很快便能恢复原状；劣质地毯的弹力往往很小，踩后复原极慢，脚感粗糙，且常常伴有硬物感。

（4）看工艺：优质纯毛地毯的工艺精湛，毯面平直，纹路有规则；劣质地毯则做工粗糙，漏线和露底处较多，其重量也因密度小而明显低于优质品。

五、拓展与提高

石材的拓展知识

（一）装饰石材的放射性

在各种类型的石材中，存在着一定量的放射性元素。由水（沉积）生成的大理石类和板石类中的放射性元素含量，一般都低于地壳平均值的含量（只有少量的黑色板石可能稍高于地壳平均值）。在花岗石类中，暗色系列（包括黑色系列、蓝色系列和暗绿色系列）的花岗岩和灰色系列花岗岩，其放射性元素含量都低于地壳平均值的含量；由火成岩变质形成的片麻状花岗岩及花岗片麻岩等（包括粉红色、红色系列、浅绿色系列和花斑系列），其放射性元素含量稍高于地壳平均值的含量。在全部天然装饰石材中，大理石类、绝大多数的板石类、暗色系列（包括黑色、蓝色、暗色中的绿色）和灰色系列的花岗岩类，其放射性辐射强度都很小，即使不进行任何检测也能够确认是安全产品，可以放心大胆地用在室内装饰装修中。

（二）装饰石材的保养维护

装饰石材要经常擦拭，保持表面清洁，并定期打蜡上光，使石材表面始终如新。根据石材类别正确使用石材清洁剂，尽量避免酸、碱之类的化学品直接接触石材表面，引起化学反应，导致颜色差异或影响石材的质量。尽可能避免鞋钉直接或间接摩擦地面，使石材表面粗糙无光。

任务四　完成餐厅其他部位装饰材料的识别与选购任务

一、任务描述

任务四的成果是完成对餐厅其他装修部位的工程施工阶段的装饰材料识别与选购的任务。本任务主要完成门窗、楼梯和工程材料的选购和一些辅助装饰部位材料的选购。楼梯是建筑内部空间垂直交通设施，起着联系上下楼层空间和人流紧急疏散的作用，同时楼梯作为空间结构的重要元素，有其特殊的尺度、体量和丰富的材料，多变的结构形式和装饰手法，所以在选材方面要予以考虑。

二、任务分析

（一）任务工作量分析

餐厅其他装修部位的工程所需材料的实际提料过程是材料员对施工现场用材的一个掌握和分析过程，本施工阶段的施工内容包括：

1. 塑钢门窗工程施工；

2. 铝合金门窗工程施工；

3. 楼梯安装；

了解施工内容后，要掌握施工进度、熟知施工所需的材料，拟定提料计划单即材料品牌及价格明细表（表2-2-4）。

其他装饰材料（主材）品牌及价格明细表　　表2-2-4

序号	项目名称	材料名称	单位	规格型号	品牌产地	等级	单价
1	塑钢窗	塑钢窗	m^2	1800mm×2100mm	实德	优质	360元/m^2
2	塑钢门	塑钢门	m^2	900mm×2000mm	实德	优质	380元/m^2
2	铝合金门	铝合金门	m^2	900mm×2000mm	西铝	优质	650元/扇
3	楼梯安装	钢木楼梯	步		艺级		650.00

（二）任务重点难点分析

依据施工现场的施工进度提出的提料计划单，到材料市场去选购。难点是如何能识别其他装修部位装饰材料质量的优劣，重点是选购包门窗垭口材料、门、厨卫洁具等符合装饰要求的材料。

三、识别装饰材料的相关知识

（一）塑钢门窗

塑钢窗定义和特点

塑钢窗，是 20 世纪 50 年代末，首先由西德研制开发的，于 1959 年开始生产。最初的塑钢窗均采用单胶结构，比较简单、粗糙，伴随着 1972 年世界性的能源危机，20 世纪 70 年代初节能效果较好的塑钢窗得到了大量使用，也推动了型材生产技术的提高，性能日臻完善，由原来的单腔型材发展到三腔、四腔型材，也带动了欧洲乃至亚洲塑钢门窗的发展。据不完全统计，德国塑钢门窗的使用量已占门窗市场的 52%，奥地利为 48%，瑞士、英、法、意等发达国家也有 10% ~ 20% 以上；美国的塑钢窗在 20 世纪 70 年代末开始起步，每年使用量增长率达 15% 以上，目前亚洲地区使用塑钢窗的有日本、韩国、中国台湾和新加坡、泰国等。

塑钢门窗是以聚氯乙烯（PVC）树脂为主要原料，加上一定比例的稳定剂、着色剂、填充剂、紫外线吸收剂等，经挤出成型材，然后通过切割、焊接或螺接的方式制成门窗框扇，配装上密封胶条、毛条、五金件等，同时为增加型材的刚性，超过一定长度的型材空腔内需要添加钢衬（加强筋）（图 2−2−49、图 2−2−50）。

塑钢窗的特点：

1）塑钢窗可加工性强。在熔融状态下，塑料有比较高的流动性，因此通过模具可以形成精确的断面构造，从而实现窗应具备的功能需要。而且可以形成分割的腔室，以提高成窗的保温、隔声、排水功能，可以避免增强型钢的锈蚀。

图 2−2−49　塑钢窗结构

图 2−2−50　塑钢窗

2）塑钢窗节能。塑钢窗比其他窗在节能和改善室内热环境方面，有更为优越的技术特性。据测试，单玻钢铝窗的传热系数为 64W/（m^2·K）；单玻塑钢窗的传热系数是 47W/（m^2·K）左右；双玻钢铝窗的传热系数是 3.7W/（m^2·K）左右；而双玻塑钢窗传热系数约为 2.5W/（m^2·K）。窗占建筑外围护结构面积的 30%，其散热量占 49%，由此可知，塑钢窗有很好的节能效益。

3）塑钢窗隔声好。钢铝窗的隔声性能约为 19 分贝，塑钢窗的隔声性能可达到 30 分贝以上。在日益嘈杂的城市环境中，使用塑钢窗可使室内环境更为舒适。据日本提供的资料介绍，要达到同样降低噪声的要求，安装铝窗的建筑物与交通干道的距离必须达到 50m，而安装塑钢窗的达到 18m 即可。根据北京市劳动保护研究所的检测，使用塑钢窗的室内噪声能降到 32 分贝（A），效果是非常好的。由于经济的发展，城市噪声问题越来越严重，而塑钢窗对于改善人们居住和工作的环境质量是会提供较大帮助的。另外塑钢窗耐腐蚀，可用在沿海，化工厂等腐蚀环境中，普通用户使用也能减少维护油漆的人工的费用。

4）塑钢窗外观好，能和国内的装饰效果要求相适应，而且人体接触感觉比金属的舒适。

由于塑钢窗有以上的一些突出优点，在我国正在得到大量应用，成为建筑领域的新潮流。

（二）铝合金门窗

1. 铝合金门窗定义和特点

所谓铝合金门窗，是指框扇是用铝合金型材制作，而且具备实用的物理性能（风压强度、空气渗透、水密性、隔声性能等）；对于那些不具备起码的物理性能的门窗，只能叫铝材门窗，不是真正意义上的铝合金门窗（图 2-2-51、图 2-2-52）

铝合金门窗与钢木门窗相比，铝合金门窗具有以下优点：

1）自重轻、强度高。密度仅为钢材的 1/3。

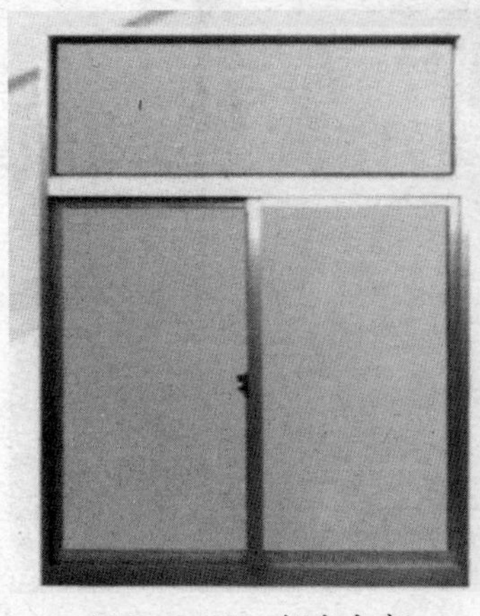

图 2-2-51　铝合金窗

图 2-2-52　铝合金门

2）密闭性能好。密闭性能直接影响着门窗的使用功能和能源的消耗。密闭性能包括气密性、水密性、隔热性和隔声性四个方面。

3）耐久性好，使用维修方便。铝合金门窗不锈蚀、不褪色、不脱落，几乎无需维修，零配件使用寿命较长。

4）装饰效果优雅。铝合金门窗表面都有人工氧化膜并着色形成复合膜层，这种复合膜不仅耐蚀、耐磨，有一定的防火力，而且光泽度极高。铝合金门窗由于自重轻，加工装配精密、准确，因而开闭轻便灵活，无噪声。

铝合金门窗的分为平开铝合金窗（门）和推拉铝合金窗。

2. 铝合金门窗的厚度

铝合金门窗厚度基本尺寸系列：40、45、50、55、60、65、70、80、90mm。

（三）室内楼梯材料的识别与选购

1. 楼梯的定义和特点

随着建筑业的发展，跃层户型越发受到青睐，为追求个性生活的人提供了更多的创造空间。有了楼上的房间，当然要有楼梯，于是，木质的、钢质的、古典的、现代的各种楼梯相继出现。楼梯的分类如下：

（1）楼梯按款式的分类

1）直梯：这是在实际操作中最为常见的一种楼梯形式。直上直下的造型最为简单，颇有直上九天的径直感。直梯的简约几何线条给人以挺括和硬朗的感觉。直梯并不是没有多变的可能，它加上平台也可实现拐角的设计（图 2-2-53）。

2）弧型梯：与直梯相反，它是以曲线来实现上下楼的连接。这种楼梯美观、大方，而且可以做得比较宽敞，完全没有直梯拐角那种生硬的感觉。弧形梯是三种楼梯中行走起来最为舒服的一种（图 2-2-54）。

图 2-2-53　直梯

图 2-2-54　弧形梯

3）旋梯：旋梯的主要特点是空间的占用面积最小，盘旋而上的蜿蜒趋势着实让不少个性化的消费者心动（图 2–2–55）。

（2）楼梯按材质的分类：

1）木质楼梯。特点是舒适、传统，适合老人、小孩。

2）金属楼梯（包括不锈钢）。特点是使用寿命长、现代感强，适合年轻人（图 2–2–56）。

2. 楼梯的应用

楼梯适用于高档住宅的复式楼、跃层及公用建筑的商场、宾馆、酒店等。

图 2–2–55 旋梯

图 2–2–56 金属楼梯

四、选购装饰材料的相关技能

（一）塑钢门窗的选购方法

塑钢门窗是一种特殊的产品，从型材生产到窗户组装均在工厂进行，只要安装合乎规范，消费者很难也没有工具检查窗子的质量，但这并不是说消费者无法对塑钢窗进行检查了。在购买塑钢窗时，仍可从下面四点来辨别其优劣。

（1）塑钢门窗表面应光滑平整，无开焊断裂，密封条平整无卷边，无脱槽，胶条无气味。

（2）塑钢门窗关闭时，扇与框之间无缝隙，推拉门窗应滑动自如，声音柔和，无粉尘脱落。

（3）塑钢门窗的框和扇内均有钢衬，玻璃安装得平整牢固且不直接接触型材，若是双层玻璃则夹层内应无粉尘和水汽，开关各部件严密灵活。

（4）塑钢门窗必须是在工厂车间专业加工而成，不可现场制作。

（5）检查门窗五金件是否灵活、顺畅。窗的密封胶条应可以自由更换，因为密封条比窗体的寿命要短。

（二）铝合金门窗的选购方法

铝合金材料出现门窗变形、推拉不动等现象屡见不鲜。消费者选购时应注以下几点：

一看材质。在材质用料上主要有6个方面可以参考：

（1）厚度：铝合金推拉门有70系列、90系列两种，住宅内部的铝合金推拉门用70系列即可。系列数表示门框厚度构造尺寸的毫米数。铝合金推拉窗有55、60、70、90系列四种。系列选用应根据窗洞大小及当地风压值而定。用作封闭阳台的铝合金推拉窗应不小于70系列。

（2）强度：抗拉强度应达到157N/mm^2，屈服强度要达到108N/mm^2。选购时，可用手适度弯曲型材，松手后应能恢复原状。

（3）色度：同一根铝合金型材色泽应一致，如色差明显，不宜选购。

（4）平整度：检查铝合金型材表面，应无凹陷或鼓出。

（5）光泽度：避免选购表面有开口气泡（白点）和灰渣（黑点），以及裂纹、毛刺、起皮等明显缺陷的型材。

（6）氧化度：氧化膜厚度应达到10μm。选购时可在型材表面轻划一下，看其表面的氧化膜是否可以擦掉。

二看加工。优质的铝合金门窗，加工精细，安装讲究，密封性能好，开关自如。劣质的铝合金门窗，盲目选用铝型材系列和规格，加工粗制滥造，以锯切割代替铣加工，不按要求进行安装，密封性能差，开关不自如，不仅漏风漏雨和出现玻璃炸裂现象，而且遇到强风和外力，容易将推拉部分或玻璃刮落或碰落，毁物伤人。

（三）楼梯的选购方法

第一：安全适用是我们选择楼梯的首要前提。

1）检查主体结构走向的合理性。

2）检查主体结构安全与承重。

3）检查起步是否方便空间是否足够大。

第二：设计的合理性与装修风格协调性统一。

1）检查主体结构的颜色和踏板的颜色是否协调。

2）确定户型结构是适合哪种类型的楼梯。（直梯、L形、U形、旋转、旋转接直梯等）

3）检查设计的楼梯高度尺寸是否碰头。

4）检查所有的空间是否都利用好了。

5）检查踏步宽度和步深走起来是否都非常舒服。

6）注意楼梯款式的选择与装修风格协调性（纯实木、钢木结合、钢与玻璃结合等）。

第三篇
卫生洁具、灯具、装饰五金配件及辅料应用篇

任务一　厨卫洁具的识别与选购

一、任务描述

厨房、卫生间是家居生活的两个重要空间，随着生活水平、生活质量的不断提高和改善，厨房和卫生间在家居生活中的地位也在不断上升，其装修和设施配置已经上升为家居装修的一项重要内容。为了营造一个功能化、舒适化、个性化的厨卫空间，选购适宜的厨卫设施是非常重要的一个环节。

本篇任务一的任务成果是完成对厨卫洁具的识别与选购。

二、任务分析

（一）任务工作量分析

一般来说，一个卫生间的卫浴设施由三个部分组成：洗脸盆、坐便器、洗浴设施。洗浴设施分为淋浴器和浴缸两类。厨房的洁具设施都是包含在整体橱柜的配套设施中，主要包括水龙头和水槽，水槽分为人造石水盆、不锈钢水盆。

了解卫浴设施所包含的内容后，拟定提料计划单即材料品牌及价格明细表（表3–1）。

厨卫洁具（主材）品牌及价格明细表　　表 3–1

序号	项目名称	材料名称	单位	规格型号	品牌产地	等级	单价
1	卫生间洁具	面盆	个	595mm × 380mm × 185mm	惠达		1460.00
		坐便器	个	760mm × 455mm × 870mm	惠达		2732.00
		浴缸	个	1940mm × 1030mm × 800mm	惠达		1555.55
		淋浴房	个	900mm × 900mm × 2000mm	惠达		4456.00
2	厨房洁具	水龙头	个	HD395L	惠达		1007.00
		水槽	个	HD3	惠达		409.00

（二）任务重点难点分析

依据施工现场的施工进度提出的提料计划单（表3–1），到材料市场去选购。难点是如何能识别厨卫洁具质量的优劣，重点是选购符合装饰要求的厨卫洁具等。

三、识别装饰材料的相关知识

卫生间不仅存在于家居空间，而且是公共空间不可缺少的组成部分，是装饰装修中技术含量最高的部位，空间内的功能使用取决于洁具设备，卫生洁具既要满足使用功能要求，又要满足节水节能等环保要求（图3-1-1）。

图3-1-1 卫生间洁具

（一）面盆

1. 面盆的定义与特性

面盆又称为洗脸盆，它是卫生间不可缺少的部件，可以满足洗脸、洗手等各种卫生行为。面盆的种类、款式和造型非常丰富，影响面盆价格的因素主要有品牌、材质与造型。目前常见的面盆材质有陶瓷、玻璃、亚克力三种，造型也可以分为挂式、立柱式、台式三种。

图3-1-2 陶瓷台上盆

(1) 陶瓷面盆

陶瓷面盆使用频率最多，占据90%的消费市场，陶瓷材料保温性能好，经济耐用，但是色彩、造型变化较少，基本都是白色，外观以椭圆形、半圆形为主。传统的台下盆价格最低，可以满足不同的消费需求，最近流行的台上盆造型就更丰富了（图3-1-2、图3-1-3）。

图3-1-3 陶瓷台下盆

图3-1-4 玻璃面盆

图 3–1–5　亚克力面盆

(2) 玻璃面盆

玻璃面盆采用钢化玻璃热弯而成，玻璃壁厚有 19、15 和 12 等几种，色彩多样，质地晶莹透彻，钢化玻璃能耐 200℃的高温，耐冲撞性和耐破损性能很好，玻璃面盆一般与玻璃台面搭配，配置有不锈钢毛巾挂件。玻璃面盆从设计成本到工艺成本都很高，一般用于高档公共卫生间（图 3–1–4）。

(3) 亚克力面盆

亚克力面盆采用的主要材料是有机玻璃，在其中加入麻丝纤维后，多次拉伸而成，是一种新型材料，具有质地轻、成本较低等特点，适用于各种场合。亚克力面盆强度较低，可以配置大理石台面支撑安装（图 3–1–5）。

(4) 不锈钢面盆

图 3–1–6　不锈钢面盆

不锈钢面盆一直是厨房的专利，近年来也发展到卫生间。它材质厚实，达到 1.2mm 以上，表面经过磨砂或镜面处理（图 3–1–6）。不锈钢面盆的突出优点就是容易清洁。光鲜如新的不锈钢面盆与卫生间内其他钢质配件搭配在一起，能烘托出一种工业社会特有的现代感。

2. 面盆的应用

角型洗脸盆由于占地面积小，一般适用于面积较小的卫生间，安装后使卫生间有更多的回旋余地。普通型洗脸盆适用于一般装修的卫生间，经济实用，但不美观。立式洗脸盆适用于面积不大的卫生间。它能与室内高档装饰及其他豪华型卫生洁具相匹配。有沿边的台式洗脸盆和无沿边台式洗脸盆适用于面积较大的高档的卫生间使用，台面可以采用大理石或花岗石材料。

3. 面盆的识别与选购

图 3–1–7　卫生间面盆

面盆选购要根据卫生间面积来选择规格和款式，如果卫生间面积较小，最好选择柱盆，可以收紧视线，显得不占多余的空间。面盆最好与坐便器采用同一品牌，颜色和材质一致会让小空间显得统一协调。如果面积较大，则选用台盆为佳，台面可放置洗漱用品（图 3–1–7）。

选用玻璃面盆时，应该注意产品的安装要求，有的台盆在安装时要贴墙固定，在墙体内使用膨胀螺栓进行盆体固定，如果墙体内管线较多，就不适宜使用此类产品了。水龙头应该与洗面盆在款式上和档次上相协调，此外还应该检查面盆下部的存水弯和面盆龙头上部的水管、角阀等主要配件是否齐全。

（二）蹲便器

1. 蹲便器的定义与特性

蹲便器是传统的卫生间洁具，一般采用全陶瓷制作，安装方便，使用效率高，适合公共卫生间。蹲便器不带冲水装置，需要另外配置给水管或冲水水箱（图 3-1-8、图 3-1-9）。蹲便器的排水方式主要有直排式和存水弯式，其中直排式结构简单，存水弯式防污性能好，但安装时有高度要求，需要砌筑台阶。

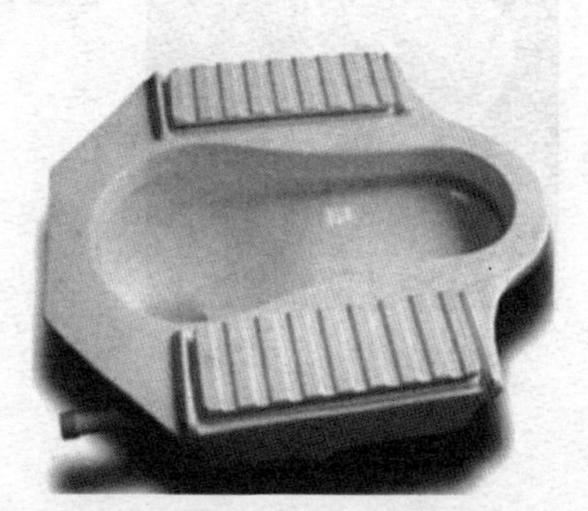

图 3-1-8　蹲便器

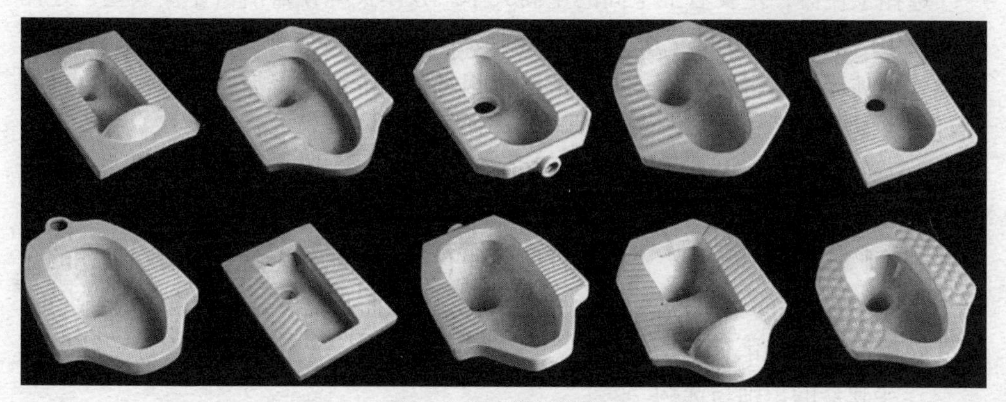

图 3-1-9　蹲便器样式

2. 蹲便器的应用

蹲便器适用于家居空间的客用卫生间和大多数公共厕所，占地面积小，成本低廉。安装蹲便器时注意上表面要低于周边陶瓷地面砖，蹲便器出水口周边需要涂刷防水涂料。

（三）坐便器

1. 坐便器的定义与特性

坐便器又称为抽水马桶（图 3-1-10），是取代传统蹲便器的一种新型洁具，主要采用陶瓷或亚克力材料制作。坐便器按结构可分为分体式坐便器和连体式坐便器两种；按下水方式分为冲落式、虹吸冲落式和漩涡式三种。冲落式及虹吸冲落式注水量约 6L 左右，排污能力强，只是冲水时噪声大；漩涡式一次用水 8 ~ 10L，具有良好的静音效果。近年来，又出现了微电脑控制的坐便器，需要接通电源，根据实际情况自动冲水，并带有保洁功能（图 3-1-11）。

图 3-1-10　坐便器

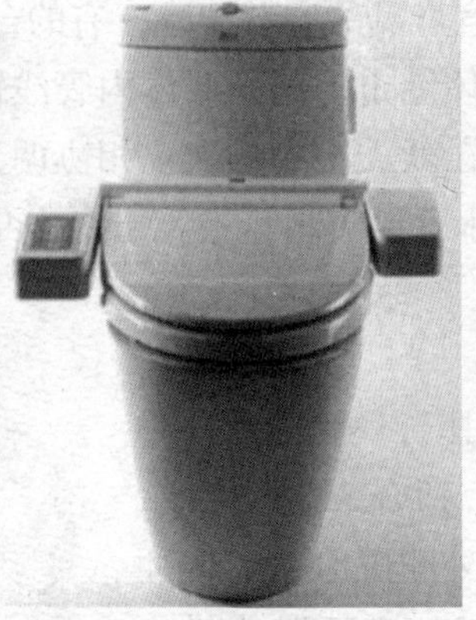

图 3-1-11　微电脑控制坐便器

图 3-1-12　钢板搪瓷浴缸

2. 坐便器的应用

选择坐便器，主要看卫生间的空间大小。分体式坐便器所占空间大些，连体式坐便器所占空间要小些。另外，分体坐便器外形要显得传统些，价格也相对便宜，连体式坐便器要显得新颖高档些，价格也相对较高。消费者完全可以按照自己的情况来决定。

由于卫生洁具多半是陶瓷质地，所以在挑选时应仔细检查它的可见面，也就是外观质量。观察坐便器是否有开裂，即用一根细棒轻轻敲击瓷件边缘，听其声音是否清脆，当有"沙沙"声时就证明瓷件有裂纹。此外，将瓷件放在平整的台面上，进行各方向的转动，检查是否平稳匀称，安装面及瓷件表面的边缘是否平正，安装孔是否均匀圆滑。

3. 坐便器的识别与选购

国家规定使用的坐便器排水量须在 6L 以下，现在市场上的坐便器多数是 6L 的，许多厂家还推出了大小便分开冲水的坐便器，有 3L 和 6L 两个开关，这种设计更利于节水。从卫生角度来讲，主用卫生间一般采用坐便器，客用卫生间一般选用蹲便器，卫生间较大的家庭，还可以选择男用的小便器，这样既利于清洁，又能节约用水。

（四）浴缸

1. 浴缸的定义与特性

浴缸又称为浴盆，是传统的卫生间洗浴洁具。浴缸按材料一般分为钢板搪瓷浴缸、亚克力浴缸、木质浴缸和铸铁浴缸；按裙边分为无裙边缸和有裙边缸；从功能上分为普通缸和按摩缸。

（1）钢板搪瓷浴缸

钢板搪瓷浴缸坚固耐久，通常由厚度为 1.5 ~ 3mm 的钢板制成，较铸铁浴缸轻许多（图 3-1-12），表面光洁度相当高。钢板搪瓷浴缸价格较便宜，质地轻巧，便于安装，但是钢板浴缸的造型单调，保温效果很差，浴缸注水噪声较大。它表面的搪瓷层在运输和使用过程中如果受到过度撞击会发生爆釉现象，导致缸体生锈而无法使用。

（2）亚克力浴缸

亚克力浴缸以亚克力为原料制成，质地相当轻巧，造型和色泽相当丰富（图 3–1–13），选择面更大。亚克力浴缸保温效果很好，冬天可长时间保温，它重量较轻，便于运输和安装，表面的划痕可以进行修复。亚克力浴缸造价较合理，但因硬度不高，表面易产生划痕。

图 3–1–13　亚克力浴缸

目前，比较流行的是亚克力按摩浴缸（图 3–1–14），由电动气泵带动浴缸内壁的喷嘴喷射出混有空气的水流，使浴缸内的水流循环，可以舒缓肌肉酸痛、促进血液循环，从而达到人体按摩的效果，但是价格昂贵，且内部清理不易。

图 3–1–14　亚克力按摩浴缸

（3）木质浴缸

木质浴缸由木板拼接而成，外部由铁圈箍紧（图 3–1–15）。一般选用杉木，拥有自然纹理和气味，有返璞归真的情趣。木质浴缸保温性强，缸体较深，可以完全浸泡身体的每个部位，可以按照实际要求订做。木质浴缸价格较高，平时需要进行保养维护以防止漏水或变形。

图 3–1–15　木质浴缸

（4）铸铁浴缸

铸铁是一种极其耐用的材料，以它作为原料所生产的浴缸通常可以使用 50 年以上，在国外不少铸铁浴缸都是传代使用的。铸铁浴缸的表面都经过高温施釉处理，光滑平整，便于清洁（图 3–1–16）。铸铁浴缸价格比亚克力和钢板浴缸都要贵许多，经久耐用是铸铁浴缸的最大优点。此外，它色泽温和，注水噪声小。铸铁浴缸的造型较为单调，色彩选择也不多，保温性一般。由于材质的缘故，分量沉重，安装运输实为不易。

普通浴缸的长度从 1200 ~ 1800mm 不等，

图 3-1-16　铸铁浴缸

图 3-1-17　立式角形淋浴房

深度一般在 500 ～ 700mm 之间，特殊形态的空间，也可以订制加工。

2. 浴缸的应用与选购

选择浴缸首先要注意使用空间，如果浴室面积较小，可以选择 1200、1500mm 长的浴缸；如果浴室面积较大，可选择 1600、1800mm 长的浴缸；如果浴室面积很大，可以安装高档的按摩浴缸、双人用浴缸或外露式浴缸。目前销售的高档浴缸还具有喷射、按摩功能，甚至与淋浴房相连。

其次是浴缸的形状和龙头孔的位置，这些要素是由浴室的布局和客观尺寸决定的；此外，要根据经济能力来考虑品牌和材质，这些由购买的预算来决定。

最后是浴缸的款式，目前主要有独立柱脚和镶嵌在地的两种样式。前者适合安放在卫浴空间面积较大的住宅中，最好放置在整个空间的中间，这种布置可以带给使用者无与伦比的贵族享受；而后者则适合安置在面积一般的浴室里，如果条件允许的话最好临窗安放。

（五）淋浴房

1. 淋浴房的定义与特性

淋浴房一般由隔屏和淋浴托（底盘）组成，内设花洒。隔屏所采用的玻璃均为钢化玻璃，甚至具有压花、喷砂等艺术效果，淋浴托则采用玻璃纤维、亚克力或金刚石制作。淋浴房从形态上可以分为立式角形淋浴房、一字形浴屏、浴缸上浴屏三类。

（1）立式角形淋浴房

立式角形淋浴房最常见（图 3-1-17），从外形上看有方形、弧形、钻石形；以结构分有推拉门、折叠门、转轴门等；以进入方式分有角向进入式和单面进入式。角向进入式最大的特点是可以更好利用有限浴室面积，扩大使用率，常见的方形对角形淋浴房、弧形淋浴房、钻石形淋浴房均属此类，是应用较多的款式。

图 3-1-18 一字形浴屏

图 3-1-19 浴缸上浴屏

（2）一字形浴屏

采用 10mm 钢化玻璃隔断（图 3-1-18），适合宽度窄的卫生间，或者有浴缸位但消费者并不愿用浴缸而选用淋浴屏时，多选择一字形淋浴屏。

（3）浴缸上浴屏

许多消费者已安装了浴缸，但又常常使用淋浴，为兼顾此二者，也可在浴缸上制作浴屏（图 3-1-19）。一般浴缸上用一字形浴屏，或者全折叠形浴屏，后者费用很高，并不合算。

高档淋浴房一般由桑拿系统、淋浴系统、理疗按摩系统三个部分组成。桑拿系统主要是通过独立蒸汽孔散发蒸汽，可以在药盒内放入药物享受药浴保健。理疗按摩系统是通过淋浴房壁上的针刺按摩孔出水，用水的压力对人体进行按摩。一般单人淋浴房有 12 个左右按摩孔，双人的则达到 16 个。

2. 淋浴房的应用与选购

选购淋浴房需要注意以下几点：

（1）卫生间面积决定淋浴房的形状：最小的淋浴房边长不宜低于 90mm，开门形式有推拉门、折叠门、转轴门等，可以更好利用有限的浴室面积。

（2）关注材料质量：淋浴房的主材为钢化玻璃，正宗的钢化玻璃仔细看有隐隐约约的花纹。选购淋浴房一定要从正规渠道购买，不能贪图便宜，劣质产品的玻璃会发生炸裂。

（3）蒸汽功能淋浴房的保修期：购买带蒸汽功能的淋浴房时要关注蒸汽机和电脑控制板。如果蒸汽机不过关，容易出现损坏。同样，电脑控制板也是淋浴房的核心部位，一旦电脑板出问题，整个淋浴房就无法使用，因此，在购买时一定要问清蒸汽机和电脑板的保修时间。

（4）注意底盘的板材是否环保：目前，淋浴房所使用的板材主要是亚克力，有一些复合亚克力板中使用的玻璃丝含有甲醛，容易造成空气污染。如果亚克力板的背面与正面不同，比较粗糙，就属于复合亚克力板。

（六）水龙头

1. 水龙头的定义与特性

水龙头用于厨房水槽和卫生间台面，又称为水阀门，一般有两个入水口，分别进冷、热水，水龙头可以调节冷热水的出水量，控制水温（图 3–1–20）。

图 3–1–20　水龙头

水龙头的主要部件壳体一般用不锈钢、黄铜材料铸成，经清砂、车削加工，后做酸洗、浸渗、试压、抛光和电镀处理。一般单柄水龙头内部使用陶瓷阀芯，开启、关闭迅速，温度调节简便；而双柄水龙头的陶瓷阀芯用黄铜、陶瓷、橡胶等组成，转动手轮手感好（图 3–1–21）。螺旋阀芯采用橡胶密封，在拧松阀杆过程中应该感觉轻便、无卡滞现象。

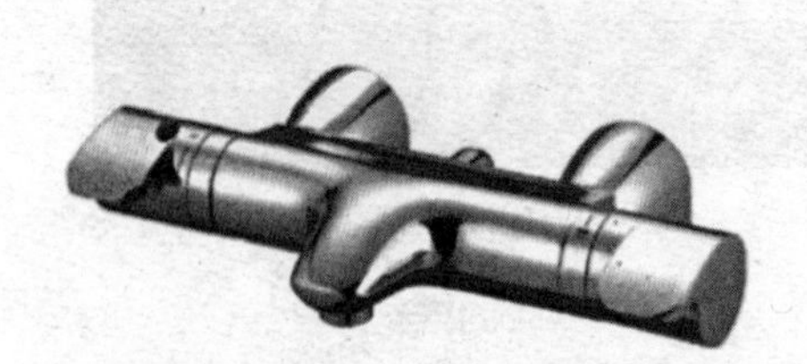

图 3–1–21　双柄水龙头

近年来，市场上出现感应式水龙头，节水性能好。它采用红外光反射原理，当手伸到水龙头下面，红外发射管发出的红外光经过人手反射到红外接收管，信号经过后续处理，控制电磁阀打开放水。手离开水龙头，红外光自然就没有反射体了，接着电磁阀自动关闭（图 3–1–22）。

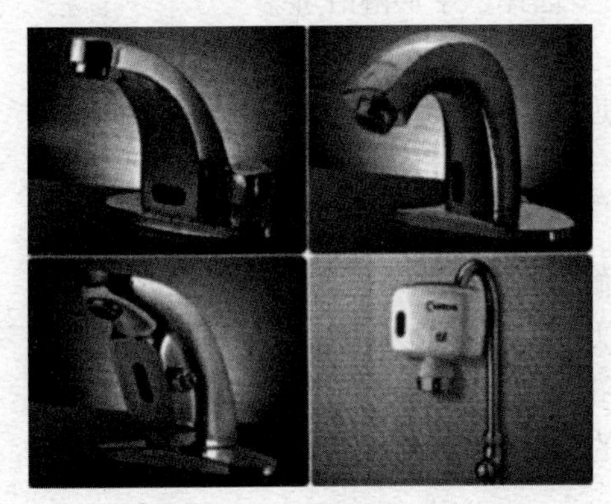

图 3–1–22　感应水龙头

2. 水龙头的识别与选购

目前市场上销售的水龙头价格差异很大，不同企业的同类产品价格高低不等。普通水龙头外表面一般经过镀铬处理（图 3–1–23）。在光线充足的情况下，消费者可将产品放在手中，伸直手臂远距离观察，龙头表面硬而明亮如镜、无任何氧化斑点、烧焦痕迹；近看无气孔、无起泡、无漏镀，色泽均匀；用手摸无毛刺、砂粒；用手按一下龙头表面，指纹很快散开，且不易附着水垢为好。

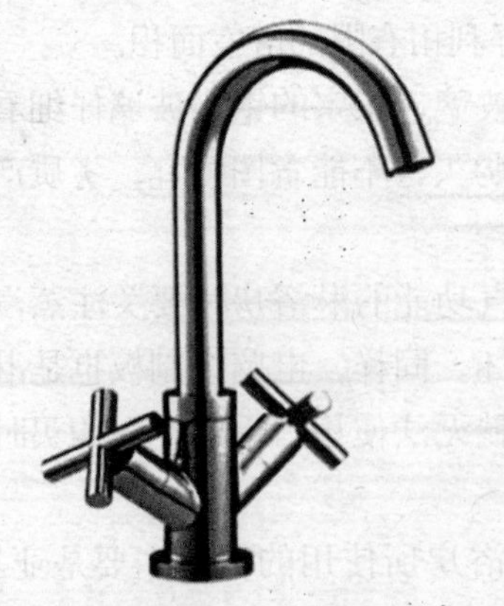

图 3–1–23　厨房水龙头

选购龙头时还要考虑到卫生洁具搭配的问题，最重要的是型号要搭配，否则就会给安装带来麻烦，即使勉强装上去了，也难免会“跑冒滴漏”。其次是款式和颜色要搭配，这里有一个简单的原则就是：古典对古典，现代对现代。如果卫生间以冷色为主，可以挑选银色的水龙头；如果以暖色为主，那就要用金色的；如果卫生间的风格复杂，可以采用乳白色。

图 3-1-24 不锈钢水槽

（七）水槽

1. 水槽的定义与特性

水槽一般用于厨房厨柜台面，是日常家居生活中烹饪操作不可缺少的洁具。传统的水泥和陶瓷水槽已从现代家庭厨房中逐渐引退，取而代之的是实用美观、轻便耐用的产品。

（1）不锈钢水槽

不锈钢水槽易清洁、不结垢、不吸油、耐高温、耐冲击、寿命长，优质不锈钢板厚度在 0.8 ~ 1.0mm 之间，使槽体具有一定的韧性，可以最大限度地避免由于各类瓷器、器皿撞击而造成的损坏。不锈钢水槽精湛独特的薄边设计，使洗涤空间增大（图 3-1-24）。

（2）合成材料水槽

合成材料水槽包括人造石、亚克力等材料，从工艺上来分又可以分为三类：面板与槽体焊接而成的、两个单槽对焊而成的、一次成型的。合成材料水槽的生产成本低，另外，它有多种颜色可选，容易和人造石材台面搭配组合。

图 3-1-25 单槽、双槽、三槽

根据厨房空间大小，水槽的形态又分为单槽、双槽、三槽或子母槽（图 3-1-25）。单槽一般用于小面积厨房，只能满足最基本的清洁功能；双槽设计在家居中被广泛使用，既可以满足清洁及料理分开处理的需要，也因所占空间恰当而成为首选；三槽或子母槽由于多为异型设计，比较适合个性风格的大厨房，能同时进行浸泡、洗涤、存放等多项操作，能使食物生熟分开，既省时又省力。

图 3-1-26　明装水槽

图 3-1-27　暗装水槽

无论是不锈钢水槽还是合成材料水槽，都分为明装和暗装两种样式（图 3-1-26、图 3-1-27），明装水槽的沿口在台面上，能有效保护石材台面边缘。暗装水槽无沿口，可以方便擦除橱柜台面上的污水。

2. 水槽的选购

消费者在选购水槽产品时，特别要注意以下几点：

1）根据橱柜台面宽度决定水槽宽度，一般水槽的宽度应为橱柜台面减去 100mm 左右，如橱柜台面尺寸在 500 ~ 600mm，水槽的宽度在 430 ~ 480mm。

2）不锈钢板水槽的厚度以 0.8 ~ 1.0mm 为宜，过薄会影响水槽使用寿命。不锈钢表面以哑光处理为佳，不仅无刺目的反光，而且能经受餐具的反复磨损，清洗方便，常用如新。

3）选择容积大的水槽，深度以 200mm 较好，这样可以有效防止水花外溅。

4）选择具有台控去水功能的水槽，这样能避免将手伸入污水所受之苦。

任务二　灯具的识别与选购

一、任务描述

灯是人类历史上最伟大的发明之一，是人类照明史上的一次彻底革命，自 1879 年伟大发明家爱迪生的第一盏电灯问世以来，灯具工业就在不断地向前发展，各种功能、色彩和形状的灯具不断出现，满足了人们的照明需要，并朝着节能和美化的方向不断发展。

灯具不仅能满足人们日常生活和各种活动的需要，而且是一种重要的艺术造型和烘托气氛的手段。它对于人的心理、生理有着强烈的影响，造成美与丑的印象，舒畅或压抑的感觉。如何根据室内各部位的功能来科学选购照明灯具，如何合理地安排照明设备、设计照明环境，都是现代装饰灯具探讨的新问题。本篇任务二的任务成果是完成对灯具的识别与选购。

二、任务分析

（一）任务工作量分析

选购灯具，不仅要考虑内在质量，还要考虑安全性、实用性和时尚性。灯具按功能分类：吊灯、吸顶灯、射灯、镶嵌灯、壁灯、活动灯等。

了解灯具种类后拟定提料计划单即材料品牌及价格明细表（表3–2）。

灯具（主材）品牌及价格明细表 表3–2

序号	项目名称	材料名称	单位	规格型号	品牌产地	等级	单价
1	客厅、卧室灯具	客厅吊灯	盏		波士顿华庭		2700.00
		餐厅吊灯	盏		波士顿华庭		1500.00
		主卧吊灯	盏		波士顿华庭		1555.00
		次卧吊灯	盏		波士顿华庭		1250.00
		次卧吊灯	盏		波士顿华庭		1007.00
2	厨房、卫生间灯具	厨房吸顶灯	盏		TCL		150.00
		卫生间吸顶灯	盏		TCL		120.00
		阳台吸顶灯	盏		TCL		80.00

（二）任务重点难点分析

依据施工现场的施工进度提出的提料计划单，到材料市场去选购。难点是如何能识别灯具质量的优劣，重点是选购符合装饰要求的灯具。

三、识别装饰材料的相关知识

装饰灯具的分类很多，常见的类别有以下几种：

（一）发光实体类

1. 白炽灯

(1) 白炽灯的定义与特性

白炽灯采用螺旋状钨丝（钨丝熔点达3000℃），通电后不断将热量聚集，使得钨丝的温度达2000℃以上，钨丝在处于白炽状态时而发出光来。灯丝的温度越高，发出的光就越亮。白炽灯发光时，大量的电能将转化为热能，只有极少一部分转化为有用的光能。

白炽灯发出的光是全色光，但各种色光的成分比例是由发光物质（钨）以及温度决定的。比例不平衡就导致了光的颜色发生偏色，所以在白炽灯下物体的颜色不够真实，一般偏暖黄色。

白炽灯的寿命跟钨丝的温度有关，温度越高，钨丝就越容易汽化。钨气体遇到温度较低的灯壁又凝结在灯泡内壁上而发黑，当钨丝升华到比较细瘦时，通电后就容易烧断，因此，白炽灯的功率越大，使用寿命越短。为了延长白炽灯使用寿命；现代灯泡在生产中一方面缩小灯泡体积，另一方面充入惰性气体，延缓钨丝的汽化。

图 3-1-28　白炽灯泡形

白炽灯的灯泡外形有圆球形、蘑菇形、辣椒形等，灯壁有透明和磨砂两种，家居使用功率有 5、8、15、25、45、60W 等多种（图 3-1-28）。

1959 年，美国人弗里德里奇发现，把碘充于白炽电灯中，灯泡内壁的温度控制在 250 ～ 1200℃之间，从灯丝上蒸发出来的钨就会在灯泡内壁附近与碘化合成碘化钨，碘化钨重回到 2000℃以上的钨丝附近，分解成碘和钨，钨回到钨丝上继续发光。这样不仅可以控制钨丝的汽化，而且还大幅度提高了钨丝温度，使灯泡发出与日光相似的光，这样制成的灯叫做碘钨灯。随后人们又将溴化氢充入白炽灯中，制成的溴钨灯比碘钨灯还要好，这类灯统称为卤素灯。卤素灯的玻壳必须使用耐高温和机械强度高的石英玻璃，因此又称为石英灯。其结构常带有反射杯，光源的照射方向得到了控制，也称为射灯。

图 3-1-29　应急灯

卤素灯具有亮度高、寿命长的特点，普通白炽灯的平均使用寿命是 1000 小时，卤素灯要比它长一倍，发光效率提高 30%左右。目前市场上卤素灯的功率有 5 ～ 250W 多种，工作电压有 6、12、24、28、110V 和 220V 多种。

（2）白炽灯的应用

普通白炽灯在家居装饰中使用很多，如应急灯（图 3-1-29）、台灯、床头灯、镜前灯、吊灯（图 3-1-30）等，安装时都会配套华丽的装饰灯罩，使光源变化更加丰富。

图 3-1-30　吊灯

卤素灯在家居装饰中一般用于局部照明，带灯杯的石英卤素射灯可对装饰画、相框、床头、沙发等细节作点缀照明。更多的则适用于宾馆、酒店、剧院、商场等公共空间照明。

2. 荧光灯

(1) 荧光灯的定义与特性

图 3-1-31　传统荧光灯

荧光灯的全称为低压汞（水银）蒸气荧光放电灯，灯丝导电加热后，阴极发射出电子，与灯管内的惰性气体碰撞而产生电离，同时灯管内的汞变为汞蒸气，在电子撞击和两端电场作用下，正负离子运动形成气体并产生紫外线，玻璃管内壁上的荧光粉吸收紫外线的能量后，被激发而放出可见光（图 3-1-31、图 3-1-32）。

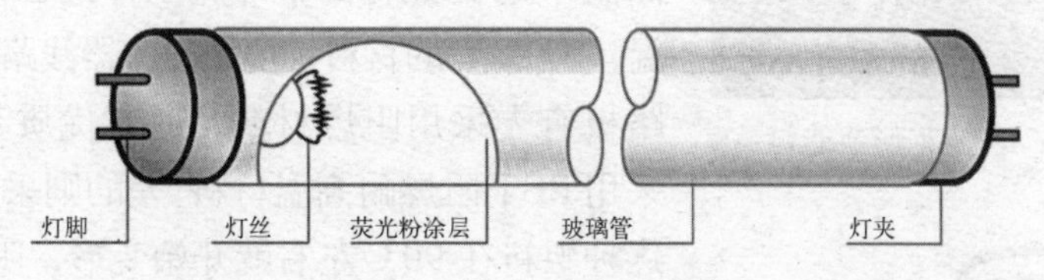

图 3-1-32　荧光灯构造

启动荧光灯需要高电压形成汞蒸气，一旦启动又必需调整电流，否则灯就会吸取更多电流直到被烧坏，因此，荧光灯的正常工作需要一个电子镇流器来操作，它的作用是提供必需的启动电压然后调整通过荧光灯的电流。由于荧光灯是气体发光，灯管的温度不高，色温较冷，类似白天户外的光源，因此又称为日光灯。随着技术的发展，现代荧光灯的生产集灯管和电子镇流器于一体，变换了外观形态，开始逐渐取代传统的白炽灯，称为节能灯。

节能灯具有光效高（是普通白炽灯的 5 倍）、节能效果明显、寿命长（是普通白炽灯的 8 倍）、体积小、使用方便等优点，如 5W 的节能灯光照度约等于 25W 的白炽灯。节能灯按灯管的外形来分类有 H 形、U 形（图 3-1-33）、D 形、圆形（图 3-1-34）、螺旋形（图 3-1-35）、梅花形（图 3-1-36）、莲花形（图 3-1-37）等多种，不同的外形适应不同的装配需求。

图 3-1-33　U 形节能灯

图 3-1-34　圆形节能灯

图3-1-35　螺旋形节能灯

图 3-1-36　梅花形节能灯

(2) 荧光灯的应用

日光灯已经成为家居、办公、商业空间的主要照明工具，一般安装在顶面和墙面的灯槽内，作整体照明。而节能灯则取代白炽灯应用到更广的范围，可以安插在台灯、落地灯、筒灯、吊灯等各种装饰造型中，成为装饰装修的首选灯具。

图 3-1-37　莲花形节能灯

(3) 荧光灯的识别与选购

选购节能灯需要注意以下几点：

1) 注意质量安全。仔细观察灯头（铁、铜或铝）与塑件的结合是否紧密；灯管与下壳的塑件结合是否牢靠；上壳塑件与下壳塑件卡位是否紧固，高温下是否会脱离；外壳塑件是否采用阻燃耐高温（180℃）的材料；电子镇流器线路中的骨架、线路板有无采用阻燃材料。通常优质节能灯外壳都采用PBT阻燃耐高温材料，差的则采用ABS塑料，这种塑料在90℃左右就开始变形，阻燃性也不好，很容易引起火灾。

2) 光通量、光衰及光效好的节能灯，灯管采用高效三基色荧光粉，更好的会采用水涂粉镀膜工艺，光效达到50lm/W以上。2000小时的光衰在10%～20%左右。而劣质节能灯，采用的是有机涂粉工艺，相应的排气工艺、原材料、设备以及技术手段落后，灯管寿命不长，9W的劣质节能灯初始光通量仅为248lm，100小时的光衰高达23%，国家标准规定，紧凑型节能灯2000小时的光通量维持率不能低于78%。

3) 功率选择。几平方米的小面积照明用9～13W节能灯较合适，这几种功率的节能灯在工艺上较为成熟，相对性价比较高。10m^2以上的房间照明可选用32～36W节能灯。

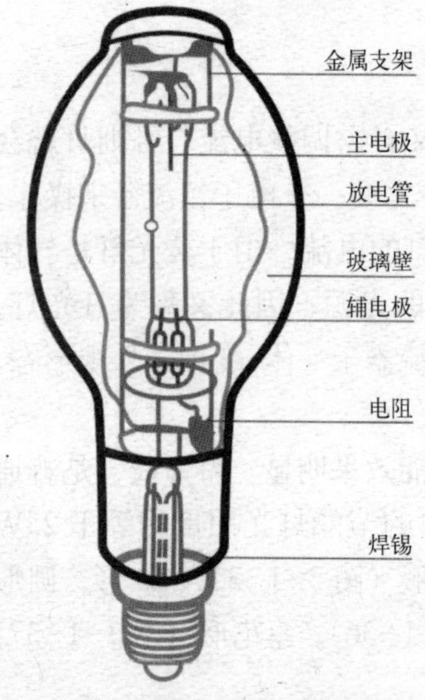

图 3-1-38　高压汞灯构造

3. 高压汞灯

(1) 高压汞灯的定义与特性

高压汞灯是采用汞蒸气放电发光的一种气体放电灯。电流通过高压汞蒸气，使之电离激发，形成放电管中电子、原子和离子间的碰撞而发光（图 3-1-38）。

高压汞灯的放电管由耐高温的透明石英玻璃制成，管内充有一定量的汞和少量氩气，采用钨制阴极。电极和石英玻璃靠铝箔实现气密封接。为了启动，通常采用辅助电极。外壳除保湿作用外，还可以防止周围环境对灯的性能影响。如在外壳内壁涂以荧光粉，则构成荧光高压汞灯。高压汞灯发光效率高，有 125 ~ 24000W 近百种规格，光照度可以达到 35 ~ 50lm/W。

（2）高压汞灯的应用

高压汞灯广泛用于环境温度为 -20 ~ 40℃的街道、广场、高大建筑物、交通运输等室内外场所。此外，还有其他扩展品种运用到更广泛的领域（见图 3-1-39）。

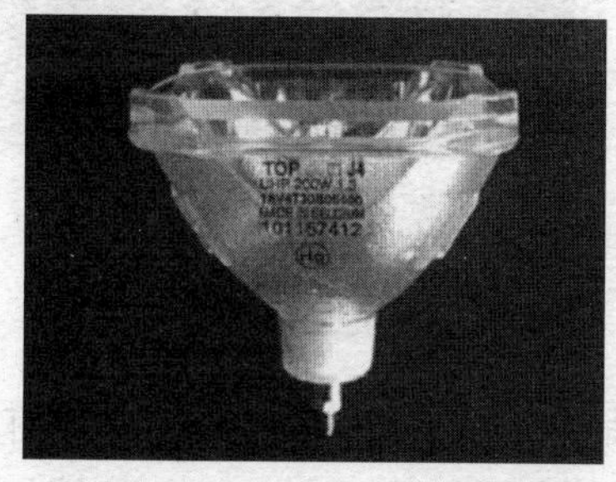

图 3-1-39　投影机高压汞灯

4．氙气灯

（1）氙气灯的定义与特性

氙气灯又称为重金属灯，属于高压气体放电灯（HID）。它是在抗紫外线水晶石英玻璃管内，以多种化学气体充填，其中大部分为氙气与碘化物等惰性气体，然后再透过增压器将电压瞬间增压至 23000V，经过高压震幅激发石英管内的氙气电子游离，在两电极之间产生光源，这就是所谓的气体放电。

氙气所产生的白色超强电弧光，含较多的绿色与蓝色成分，可提高光线色温值，类似白昼的太阳光芒，HID 工作时所需的电流量仅为 3.5A，亮度是传统卤素灯的 3 倍。氙气灯比较省电，其 35W 相当于卤素灯 60W 的电力。氙气灯没有灯丝，因此不会出现因灯丝断裂而报废的问题，使用寿命比卤素灯长 10 倍。常用功率有 35、55、70W 等。

（2）氙气灯的应用

氙气灯一般应用于开阔的公共空间，如电影放映、舞台照明、博物馆展示、广场和运动场照明等，也可以安装在汽车前方，用作主照明灯。由于电压加得过高，氙气灯应该选用合适的镇流器。

5．LED 灯

（1）LED 灯的定义与特性

LED 是英文 Light emitting diode（发光二极管）的缩写，是一种能够将电能转化为可见光的半导体，它的基本结构是一块电致发光的半导体材料，置于一个有引线的架子上，四周用环氧树脂外壳密封，起到保护内部芯线的作用。

LED 灯点亮无延迟，响应时间快，抗震性能好，无金属汞毒害，发光纯度高，光束集中，无灯丝结构因而不发热、耗电量低、寿命长，正常使用在 6 年以上，发光效率可达 80%～90%。LED 使用低压电源，供电电压在 6 ~ 24V 之间，耗电量低，所以使用更安全。

目前，LED 灯的发光色彩不多，发光管的发光颜色主要有红色、橙色、绿色（又细分黄绿、标准绿和纯绿）、蓝色、白色这几种。另外有的发光二极管中包含两种或三种颜色的芯片，可以通过改变电流强度来变换颜色，如小电流时为红色的 LED，随着电流增加，可以依次变为橙色，黄色，最后为绿色，同时还可以改变环氧树脂外壳的色彩、使其更加丰富。LED 灯的价格比较高，一只 LED 灯相当于数只白炽灯的价格。

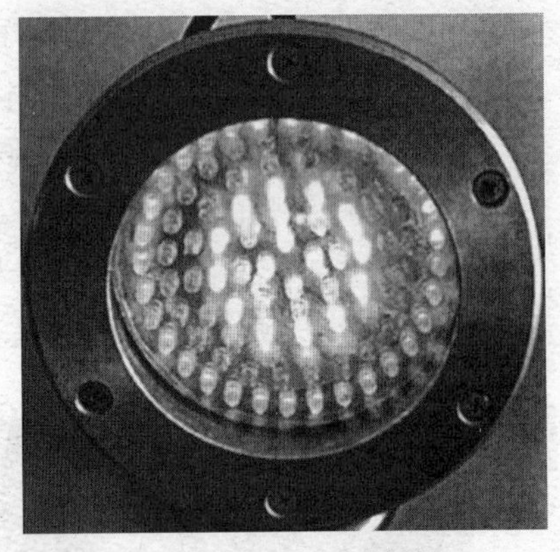

图 3–1–40　LED 射灯

（2）LED 灯的应用

LED 灯主要用于光源信号指示，如交通信号灯、多媒体屏幕显示、汽车尾灯等。近年来也用作室内装饰，多个 LED 灯集中组合也可以用于照明，如 LED 软管灯带、LED 射灯（图 3–1–40）、LED 球形灯泡等。

6. 霓虹灯

（1）霓虹灯的定义与特性

霓虹灯是一种低气压冷阳极辉光放电发光的灯具，在密闭的玻璃管内，充有氖、氦、氩等气体，灯管两端装有两个铜质电极，电极引线接入电源电路，配上高压变压器(图 3–1–41)。气体分子的急剧游离激发了电子加速运动，使管内气体导电，发出带有色彩的光（图 3–1–41）。

霓虹灯的发光颜色与管内所用气体及灯管的颜色有关，如在淡黄色管内装氖气就会发出金黄色的光，在无色透明管内装氖气就会发出黄白色的光等。霓虹灯要产生不同颜色的光，就要用不同颜色的灯管或向霓虹灯管内装入不同的气体。霓虹灯的灯体为 9 ~ 20mm 长条玻璃管，造型时需要高温加热弯曲。

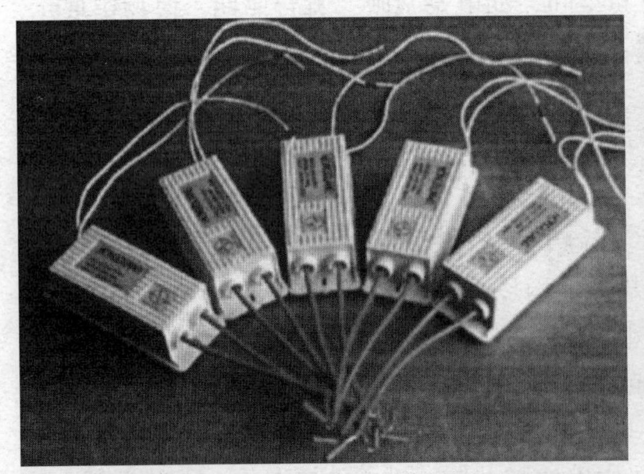

图 3–1–41　霓虹灯变压器与霓虹灯

（2）霓虹灯的应用

霓虹灯从 20 世纪 30 年代开始到现在，一直应用于现代装饰装潢中，具有较高的实用价值和欣赏价值，尤其是用于室内外广告中的文字图形装饰。

（二）装饰造型类

灯具的装饰形态各种各样，应根据不同的使用部位，选择恰当的灯具。

1. 反射槽灯

（1）反射槽灯的定义与特性

反射槽灯一般安装在吊顶沿边内侧或背景墙造型后侧，形成带形发光，灯管照射顶面或墙面后形成带状光晕。从外观上看不到发光体，只能感受到通过墙顶面反射的光源，柔和、雅致。

（2）反射槽灯的应用

反射槽灯可以选用 LED 软管灯带或 T4、T5 型荧光灯，色彩丰富。反射槽灯一般运用在家居客厅、卧室等重点装饰空间，也可以布置在公共空间走道或装饰背景墙周边。LED 软管灯带发光强度不高，但是发光连贯，而荧光灯有长度限定，需要精心布置。

2. 壁灯

（1）壁灯的定义与特性

壁灯又称为托架灯，通过安装在墙面上的支架器具承托灯头，一般以整体照明和局部照明的形式照亮所在的墙面及相应的顶面和地面，可以在吊灯、吸顶灯为主体照明的居室内作为辅助照明，弥补顶面光源的不足，与其他光源交替使用，照明效果生动活泼，同时也是一种墙面的装饰手段。

（2）壁灯的应用

床头上方、梳妆镜前、楼梯走道等处的局部照明都可以用壁灯，安装位置略高于站立时人眼的高度。壁灯的造型一般简洁、明了，选用节能灯灯管比较合适，既节省电能，又可调节室内气氛（图 3–1–42）。

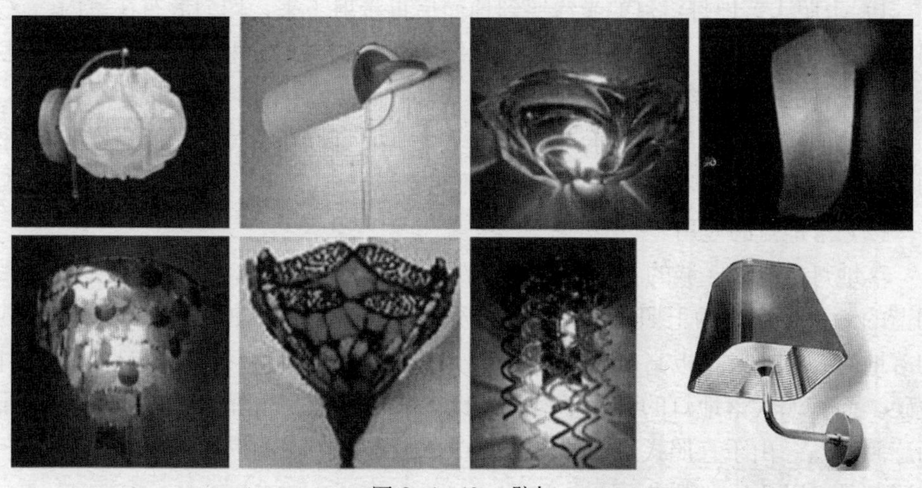

图 3–1–42　壁灯

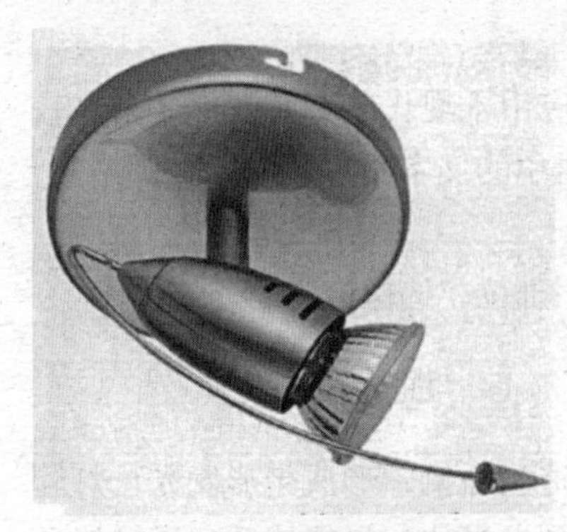
图 3-1-43 射灯及灯架

3. 射灯

(1) 射灯的定义与特性

射灯是近几年发展起来的新品种，选用卤素灯为发光体，加上反射灯杯，光线方向性多样、光色好、色温一般在 2900K 左右，目前射灯以低压 12V 的产品居多，安全可靠，需附带稳压器。射灯一般备有各种不同的灯架，可进行高低、左右调节，可单一，可成组，灯头能设计成向不同角度旋转，可以根据工作面的不同位置，任意调节，小巧玲珑，使用方便（图 3-1-43）。

(2) 射灯的定义与特性

射灯安装在墙面或顶面内，多用在有装饰造型的重点部位，如走廊、展厅、绘图桌上方需集中照明处。由于射灯对眼睛的刺激性较强，不宜直接用于室内照明，多用于照射墙壁或特定物体。居室内不宜过多地使用射灯，因为它聚集的热量大，长时间所产生的高温，容易引发火灾。

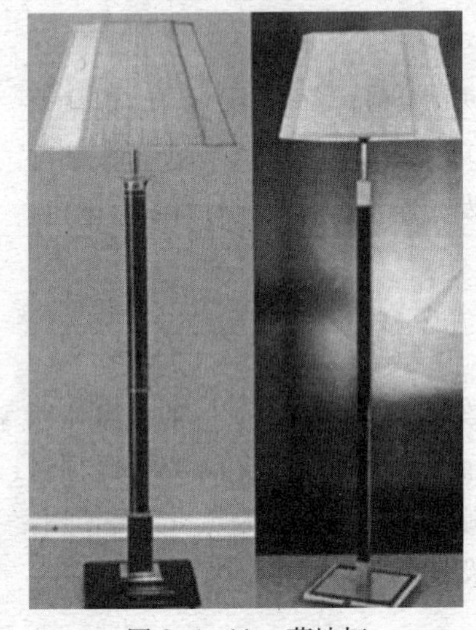
图 3-1-44 落地灯

4. 落地灯

(1) 落地灯的定义与特性

落地灯是指通过支架或各种装饰形体将发光体支撑于地面的灯具（图 3-1-44）。落地灯是小区域的主照明灯，可以通过不同照度和室内其他光源配合，引起光环境的变化。同时，落地灯造型独特，也成为室内一件精致的摆设。落地灯通常分为上照式和直照式两种：

1）上照式落地灯：灯的光线照到顶面后再漫射下来，均匀散布在室内。这种间接照明方式光线比较柔和，对人眼刺激小，还能在一定程度上使人心情放松。在现在流行的一些简约主义家居设计中，这种灯具的使用相当普遍。

2）直照式落地灯：类似台灯，光线集中。既可以在关掉主光源后作为小区域的主体光源，也可以作为夜间阅读时的照明光源。

(2) 落地灯的应用

落地灯是局部区域的主体照明，一般选用白炽灯，光色和强度都能达到温馨、和谐的效果。在选购上照式落地灯时，要考虑天花板的高度，以 1.7 ~ 1.8m 高的落地灯为例，天花板高度在 2.4m 以上效果最佳，天花板过低会造成光线集中、生硬。而直照式落地灯的灯罩下沿最好比人的眼睛低，这样才不会因灯泡的照射而感到不适。由于直照式灯具的光线集中，最好避免在阅读区域附近安装镜子及玻璃制品，以免反光造成不适。

5. 筒灯

(1) 筒灯的定义与特性

筒灯是在光源上增加灯罩，嵌入顶棚中或配上夹具（图 3–1–45），安装在需要局部照明部位的固定灯具，筒灯的外观灯罩有圆形和方形两种，其中圆形筒灯又分为内置型和外置型（图 3–1–46）。筒灯的发光源一般采用白炽灯或节能灯，在顶棚上与主灯相辅相成，点缀光源，均布光照。

图 3–1–45 筒灯

图 3–1–46 内置型和外置型筒灯

(2) 筒灯的应用

筒灯的安装要设计好布局间距和数量，小空间可以单个排列，大空间可以成两联装、三联装布局，能转角的筒灯可以根据照明需要随意设置，一灯多用，使用方便，不占空间。

6. 吊灯

(1) 吊灯的定义与特性

吊灯通常是灯饰的主角，通过各种装饰造型，将发光源吊挂在顶部（图 3–1–47)。吊灯的品种也更为繁多，按外形结构可分为枝形、花形、圆形、方形、宫灯式、悬垂式。仅枝型吊灯，就有三叉、四叉、五叉、六叉多种。按灯头的多少，可分为单头、三叉三火、三叉四火等；按构件材质，有金属构件和塑料构件之分；按灯泡性质，可分为白炽灯、荧光灯、小功率蜡烛灯；按体积，可分为大型、中型、小型。现代吊灯注重节能环保，加入了 LED 灯，发光体多元化组合，可以分别控制不同的开关状态。

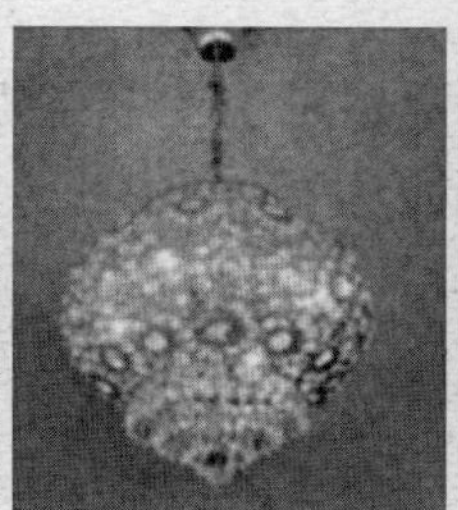

图 3–1–47 吊灯

（2）吊灯的应用

吊灯的开关可以多样组合变换，甚至可以遥控。一般在内空高大的大厅里，如宾馆、酒店、娱乐场所、会议厅室或层高在3m以上的住宅，吊灯被广泛用作主灯饰。

吊灯的造型、布局组合方式、结构形式和使用材料等环节要根据使用要求、顶棚构造和审美要求来统筹考虑。灯具的尺度大小要与室内空间相适应，结构上要安全可靠。

7. 吸顶灯

（1）吸顶灯的定义与特性

吸顶灯是直接固定吸附在顶棚上的灯具，这种吸附实际上是将连接螺栓遮掩在灯罩内部，从外观上看，好像将灯具粘贴在顶面上了（图3−1−48）。吸顶灯的灯罩主要有普通塑料、亚克力和玻璃三种材质。

亚克力是指聚甲酯（PMMA有机玻璃），是一种具有优异综合性能的热塑性工程塑料。质地柔软，轻便，透光性好，不易被染色，不会因光和热发生化学反应而变黄，透光性达到90%以上，是目前高档吸顶灯的首选材料（图3−1−49）。

（2）吸顶灯的应用

吸顶灯适于在层高较低的室内空间安装，同时也可以作为墙面点缀（图3−1−50）。发光体以白炽灯和日光灯为主。以白炽灯为光源的吸顶灯，大多采用乳白色塑料罩或玻璃罩；以日光灯为光源的吸顶灯多用有机玻璃、金属格片为罩（图3−1−51）。直径在200mm左右的吸顶灯适宜在过道、卫生间、厨房内使用；直径在400mm左右的吸顶灯则可以在16m^{2}左右的房间中使用。

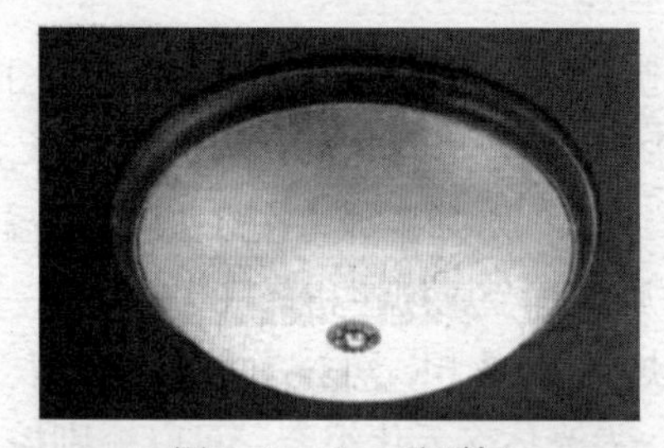

图3−1−48　吸顶灯

图3−1−49　亚克力材料吸顶灯

图3−1−50　吸顶灯墙面点缀

图 3-1-51　金属格片吸顶灯

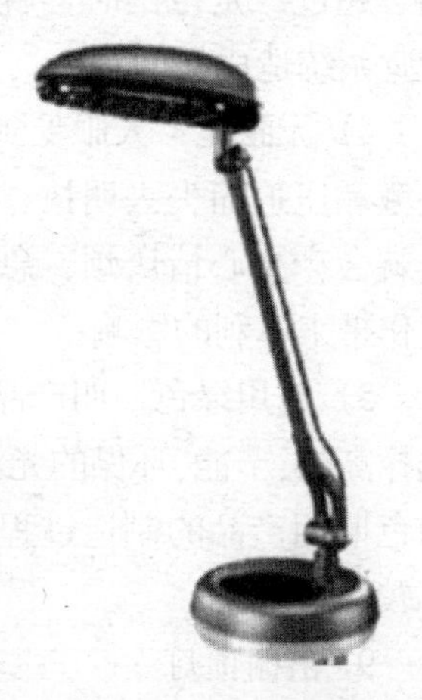

图 3-1-52　书写台灯

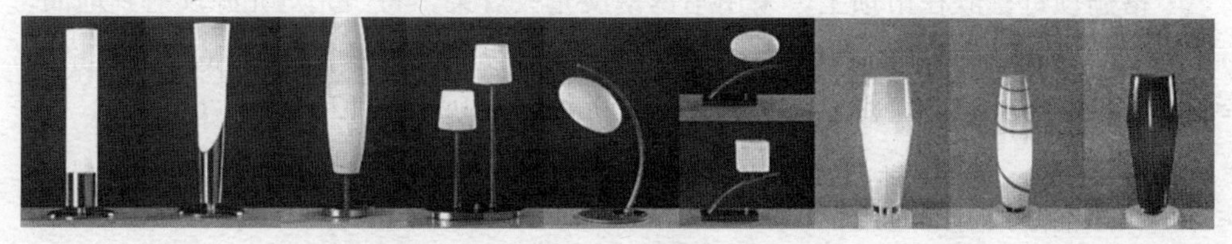

图 3-1-53　装饰台灯

8. 台灯

(1) 台灯的定义与特性

台灯是放置在台面上的功能灯具，按使用功能可以分为书写台灯（图 3-1-52）和装饰台灯（图 3-1-53）。

书写台灯是目前市场的主流，一般选用节能灯为发光源，灯罩角度和灯光强度可以随意调节，长时间工作不会使人疲劳，经济实惠。为了方便学习工作，台灯上还附加有钟表、电话、日历等设备。装饰台灯作为局部照明的主体，一般选用玻璃灯罩，以白炽灯为发光源，造型简洁。

(2) 台灯的应用

台灯一般用在阅读、书写、设计、批阅等办公或学习场所的照明。对于做伏案工作的人来说，保证工作区良好的视觉环境，对提高学习和办公的质量，提高工作效率，保护身体健康有很大的好处。良好的台灯照明应具备以下几个条件：

1）桌面照明要有足够的照度：办公、学习的桌上标准照度为 300 ~ 500lx，照度太低或太高会使阅读困难，容易造成阅读疲劳。

2）显色指数要合适：显色指数即为对颜色的还原程度，又称为显色性。在显色指数较低的灯光下（一般荧光灯为 60 ~ 70lx）看东西，眼睛对颜色的分辨能力低，容易造成视觉疲劳。一般台灯照明的显色指数应不低于 80lx。

3）光线要稳定：灯光不停地闪动，光线不够稳定，这就是存在的“频闪”。当“频闪”超过一定范围时，就会产生视觉疲劳，对视觉系统造成损伤。

4）无眩光：人眼受到眩光影响后，会感到刺激和压迫而失去明快、舒适的气氛，时间稍长就会产生心情厌烦、急躁不安等情绪，会对工作带来不利的影响。

5）使用绿色照明产品：绿色照明的核心是选择高效、节能、环保的光源、附件及灯具。同时，绿色照明产品的制造过程和废弃过程对环境破坏较小。

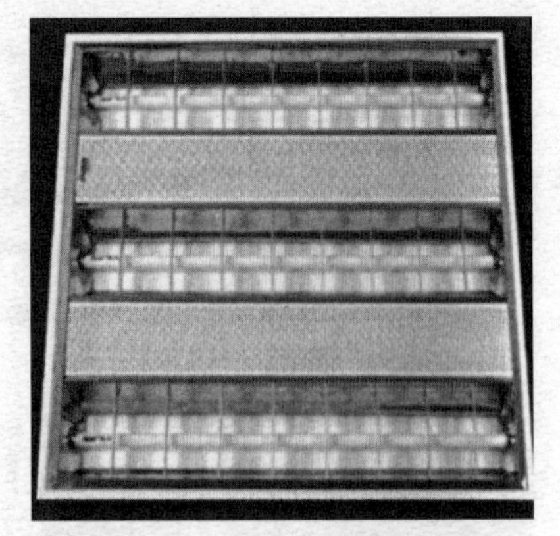

图 3-1-54　格栅顶灯

9．格栅顶灯

（1）格栅顶灯的定义与特性

格栅顶灯镶嵌在吊顶上，采用不锈钢反光板灯架，将日光灯光源反射到地面，一般采用两、三只日光灯联装（图 3-1-54），照明效果犹如白天。常用的规格为 300mm × 600mm、300mm × 1200mm、600mm × 600mm、1200mm × 600mm，可以随时拆装。

（2）格栅顶灯的应用

格栅顶灯一般用于公共办公间、走廊，使用空间层高不宜超过 2.8m，在室内空间布局中，以 600mm × 600mm 的格栅灯为例，平均每 9m^2 安装一个。日光灯管的下方可以加置磨砂玻璃，使光源显得更柔和。

10．脚灯

（1）脚灯的定义与特性

脚灯是安装在墙裙底部或墙脚线内的辅助照明灯具，一般选用 LED 软管灯带，或日光灯管作为光源，呈带状发光效果。脚灯与吊顶内的反射槽灯遥相呼应，在室内空间起到衬托、平衡的作用。脚灯也可以设计到家具中，如安装在鞋柜、电视柜、 玄关隔断的下部（图 3-1-55）。

图 3 1-55　脚灯应用

（2）脚灯的应用

脚灯的安装高度一般在距离地面200mm左右，过低会妨碍行走畅通，过高起不到装饰作用。在大堂门厅空间里，脚灯也被埋入地下，灯光透过钢化玻璃向上照射，效果独特、精致。

（三）照明方式类

1. 直接照明灯

光源中90%以上的光线直接投射在被照明物体上，如射灯、筒灯、吸顶灯、带镜面反射罩的集中照明灯具等，其优点是局部照明，只需小功率灯泡即可达到所需的照明要求。

2. 半直接照明灯

光源中60%～90%的光线直接投射在被照明物体上，其余的光线经反射后再照射到物体上，这种灯具一般带有漫射灯光罩。如台灯灯罩、落地灯灯罩上部的开口，向上照射的光线再通过天花板投射下来，这种灯光线比较柔和，一般用于书房、卧室及客厅的沙发转角处。

3. 漫射照明灯

光源中40%～60%的光线直接投射在被照明物体上，其余的光线经漫射后再照射到物体上，这种灯光源分配均匀柔和，通常在灯泡上设有漫射灯罩，灯罩材料普遍使用乳白色磨砂玻璃或塑料。一般用于门厅和阳台处。

4. 半间接照明灯

光源中10%～40%的光线直接投射在被照明物体上，其余的光线经反射后再照射到物体上。市场上大多数吊灯都采用这种照明方式，光线分布均匀，居室顶面无投影，显得更加透亮。一般用于客厅、卧室的整体照明。

5. 间接照明灯

光源中90%以上的光线都经过反射后才照到被照明物体上，由于光线几乎全部反射，因此非常柔和，无投影，不刺眼，一般是安装在柱子、天花吊顶凹槽处的反射型槽灯。

（四）灯饰的选购

1. 安全可靠

安全放在首位，选灯时只考虑价格便宜，殊不知价格便宜的灯大多质量不过关，而质量不过关的灯具往往隐患无穷，存在不安全因素。选购时要检查灯具合格证是否齐全，切不可贪图便宜选购劣质灯具。

2. 简约方便

灯饰在室内应该起到画龙点睛的作用。过于复杂的造型，过于繁杂的花色，均不适宜设计简洁的空间。灯具安装的时候要考虑更换灯泡、灯管，最好选用模块化设计的灯具，便于维修。

3. 功能协调

不同的区域配不同的灯，合理地利用各种灯光效果，并保证恰当的照度和亮度。灯具的色彩、造型、式样，必须与室内装修和家具的风格相称，彼此呼应。注意色彩的协调，冷色、暖色视用途而定（图3–1–56）。

4. 节能环保

尽量使用节能灯泡，照明度好，不会散发过多热量。如果必须使用石英射灯，应该分多路开关，可以选择使用。灯具设计要避免眩光，光线照射方向和强度要合适，保持稳定的照明，光线不要时暗时明或闪烁。

图 3–1–56　专卖店灯饰

任务三　装饰五金配件的识别与选购

一、任务描述

现代五金是指金、银、铜、铁、锡五项金属材料。五金材料通常分为大五金和小五金两大类：大五金指钢板、钢筋、扁铁、万能角钢、槽铁、工字铁及各类型钢铁材料；小五金则为建筑五金、白铁皮、铁钉、铁丝、钢铁丝网、钢丝剪、家庭五金、各种工具等。本篇任务三的任务成果是完成对装饰五金配件的识别与选购。

二、任务分析

（一）任务工作量分析

在室内装饰装修工程中，五金材料主要用于连接、固定、开关、装饰等细节部位，因此五金配件是居室装修的闪亮点，其光洁的金属质感与浑厚的木质家具相搭配，具有一定的装饰效果，其使用功能也是选购的要点。

了解装饰五金的内容后，拟定提料计划单即材料品牌及价格明细表（表 3–3）。

装饰五金（主材）品牌及价格明细表　　表 3–3

序号	项目名称	材料名称	单位	规格型号	品牌产地	等级	单价
1	钉子	水泥钉	盒	52mm、62mm			6.00
		自攻钉	盒	25mm、35mm、45mm			6.00
		马钉	盒	J1022			5.00
		气排钉	盒	30mm、50mm			8.00
		气钢钉	盒	30mm 50mm			8.00

续表

序号	项目名称	材料名称	单位	规格型号	品牌产地	等级	单价
2	门的配套五金	门锁	套		霍尔兹		180.00
		铰链	个				8.00
		滑轨	个		霍尔兹		12.00
		门吸	个		霍尔兹		22.00
3	开关面板插座类	单联开关	个		朗能		15.60
		双联开关	个		朗能		19.80
		三联开关	个		朗能		23.00
		调光开关	个		朗能		
		三孔电源插座	个		西门子		17.00
		五孔电源插座	个		西门子		28.00
		电视接线座	个		西门子		48.00
		电话接线座	个		西门子		

（二）任务重点难点分析

依据施工现场的施工进度提出的提料计划单到材料市场去选购，难点和重点是选购符合装饰要求的五金配件等。

三、识别装饰材料的相关知识

（一）钉子

1. 圆钢钉

（1）圆钢钉的定义与特性

圆钢钉分为圆钉和钢钉，圆钉是以铁为主要原料，根据不同规格和形态加入其他金属合金材料（图3-1-57），而钢钉则加入碳元素，使硬度加强。圆钢钉是现代木制装饰构造中不可缺少的材料，我国传统的木工工艺，尤其是家具制作，是不需要钉子的，现代施工加入这一材料可以大幅度提高工作效率。

圆钢钉的规格、形态多样，目前用在木质装饰施工中的圆钢钉都是平头锥尖型，以长度来划分多达几十种，如20、25、30mm等，每增加5～10mm为一种规格（图3-1-58、图3-1-59）。

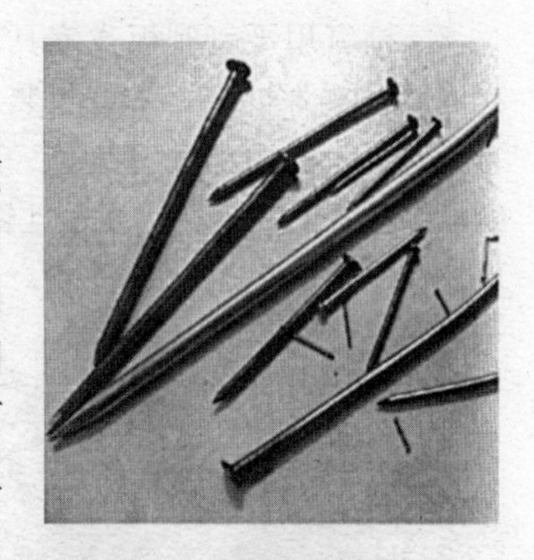

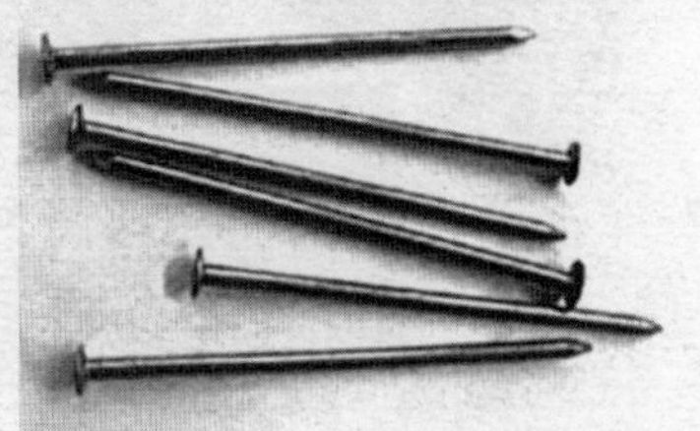

图3-1-57　圆钉（一）

（2）圆钢钉的应用

圆钢钉主要用于木、竹制品零部件的接合，称

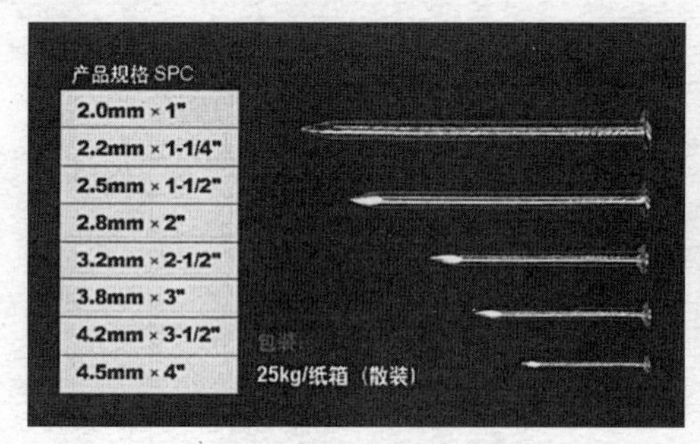

图 3–1–58　圆钉（二）

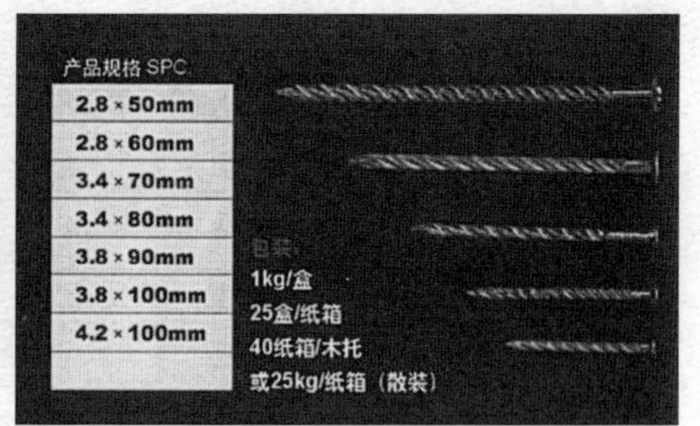

图 3–1–59　麻花地板钉

为钉接合。钉接合由于接合强度较小，所以常在被接合的表面上涂上胶液，以增强接合强度，这样又把钉接合称为不可拆接合。钉接合的强度跟钉子的直径和长度及接合件的握钉力有关，直径和长度及接合件的握钉力越大，则钉接合强度就越大。圆钢钉可以被加工成各种形态，用作不同的部位，甚至可以订制加工。

2. 气排钉

(1) 气排钉的定义与特性

气排钉又称为气枪钉，根据使用部位不同分有多种形态，如平钉（图 3–1–60、图 3–1–61）、T 形钉、马口钉（图 3–1–62）等，长度从 10 ~ 40mm 不等。钉子之间使用胶水连接，类似于订书钉，每颗钉子纤细，截面呈方形，末端平整，头端锥尖。

图 3–1–60　平钉 10mm

(2) 气排钉的应用

气排钉用于钉制板式家具部件、实木封边条、实木框架、小型包装箱等。经射钉枪钉入木材中而不漏痕迹，不影响木材继续刨削加工及表面美观，且钉制速度快，质量好，故应用日益广泛。

图 3–1–61　平钉 30mm

图 3–1–62　马口钉

气排钉使用效率高，威力大，操作时要谨慎，以免误伤人体，钉入木质构造后，要对钉头进行防锈、填色处理。

3. 螺钉

(1) 螺钉的定义与特性

螺钉是在圆钢钉的基础上改进而成的，将圆钢钉加工成螺纹状（图 3–1–63），钉头开十字凹槽，使用时需要配合螺钉旋具（起子）。

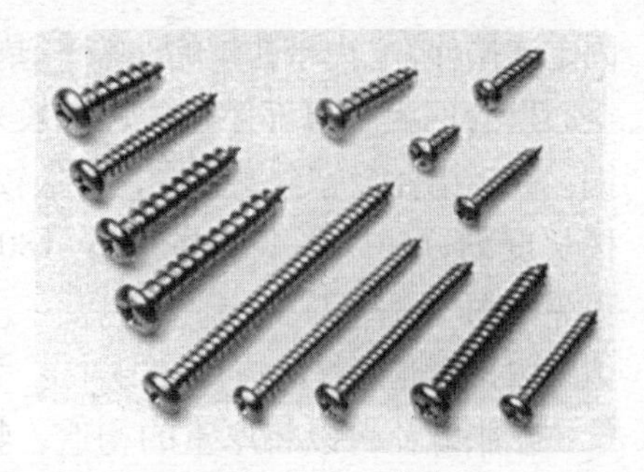
图 3–1–63　螺钉

螺钉的形式主要有平头螺钉、圆头螺钉、盘头螺钉、沉头螺钉（图 3–1–64）、焊接螺钉（图 3–1–65）等。螺钉的规格主要有 10、20、25、35、45、80mm 等。

图 3–1–64　沉头螺钉

(2) 螺钉的应用

螺钉可以使木质构造之间衔接更紧密，不易松动脱落，也可以用于金属与木材、塑料与木材、金属与塑料等不同材料之间的连接。

螺钉主要用于拼板、家具零部件装配及铰链、插销、拉手、锁的安装，应根据使用要求而选用适合的样式与规格，其中以沉头螺钉应用最为广泛。

图 3–1–65　焊接螺钉

4. 射钉

(1) 射钉的定义与特性

射钉又称为水泥钢钉（图 3–1–66），相对于圆钉而言质地更坚硬，可以钉至钢板、混凝土和实心砖上。为了方便施工，这种类型的钉子中后部带有塑料尾翼，采用火药射钉枪（击钉器）发射，射程远，威力大。射钉的规格主要有 30、40、50、80mm 等。

(2) 射钉的应用

射钉用于固定承重力量较大的装饰结构，如室内装修中的吊柜、吊顶、壁橱等，既可以使用锤子钉接，又可以使用火药射钉枪发射。

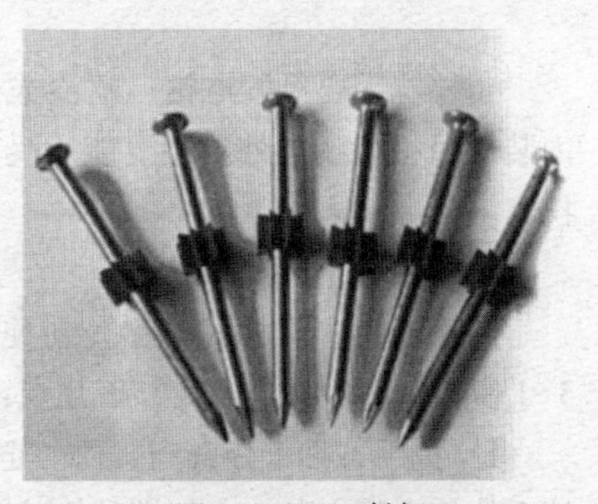
图 3–1–66　射钉

5. 膨胀螺栓

(1) 膨胀螺栓的定义与特性

膨胀螺栓又称为膨胀螺钉，是一种大型

固定连接件，它由带孔螺帽、螺杆、垫片、空心壁管四大金属部件组成，一般采用铜、铁、铝合金等金属制造，体量较大，按长度划分，规格主要为 30 ～ 180mm 不等（图 3-1-67）。

图 3-1-67　膨胀螺栓

（2）膨胀螺栓的应用

膨胀螺栓可以将厚重的构造、物件固定在顶板、墙壁和地面上，广泛用于室内装饰装修。在施工时，先采用管径相同的电钻机在基层上钻孔，然后将膨胀螺栓插入到孔洞中，使用扳手将螺母拧紧，螺母向前的压力会推动壁管，在钻孔内向四周扩张，从而牢牢地固定在基层上，可以挂接重物。

（二）拉手

1. 拉手的定义与特性

拉手在室内装饰中用于家具、门窗等的开关部位，是必不可少的功能配件。拉手的材料有锌合金（图 3-1-68）、铜、铝、不锈钢（图 3-1-69）、塑胶、原木、陶瓷等，为了与家具配套，拉手的形状、色彩更是千姿百态。

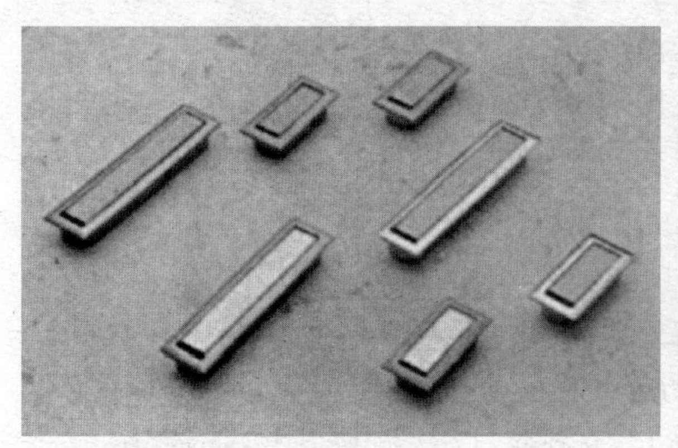

图 3-1-68　镀锌拉手

图 3-1-69　不锈钢拉手

高档拉手要经过电镀、喷漆或烤漆工艺，耐磨且防腐蚀，选择时除了要与室内装饰风格相吻合外，还要能承受较大的拉力，一般拉手要能承受 8 公斤以上的拉力。

2. 拉手的应用与选购

拉手的色彩、样式繁多，在使用中要根据装饰风格来搭配（图 3-1-70、图 3-1-71），选购时要注意以下几点：

1）拉手不必十分奇巧，但一定要符合开启、关闭的使用功能要求，这应结合拉手的使用频率以及它与锁具的关系来挑选。

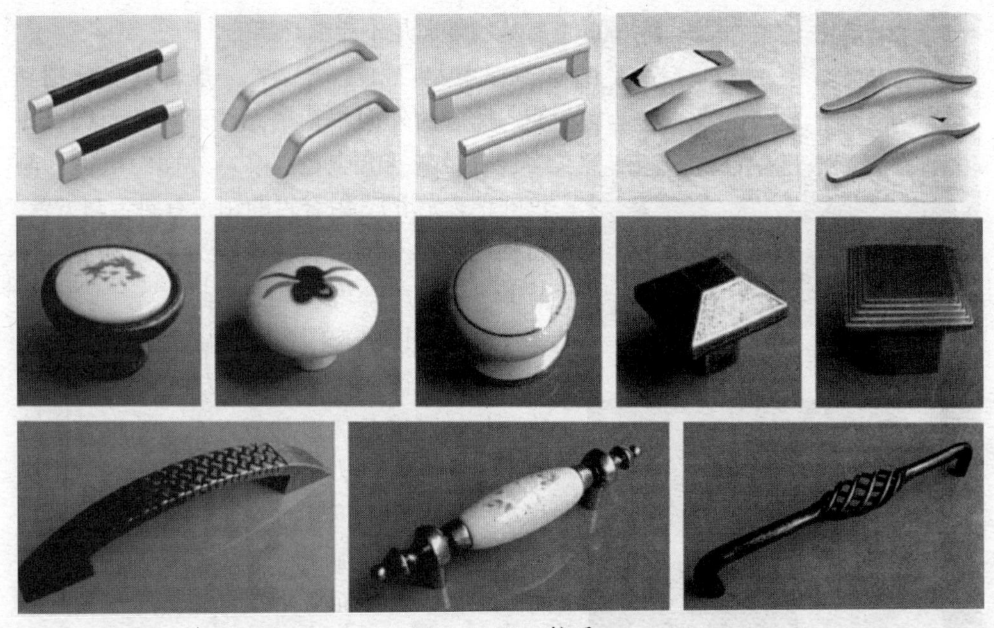

图 3-1-70　拉手

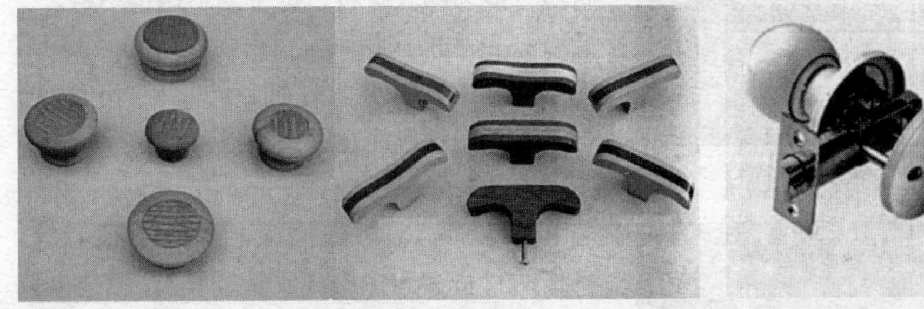

图 3-1-71　木质拉手　　　　图 3-1-72　球形锁构造

2）要讲究对比，以衬托出锁与装饰部位的美感。拉手除有开启和关闭的作用外，还有点缀及装饰的作用，拉手的色泽及造型要与门的样式及色彩相协调。

3）要确定拉手的材质、牢固程度、安装形式，以及是否有较大的强度，是否经得起长期使用。

4）要看拉手的面层色泽及保护膜，有无破损及划痕。

（三）门锁

1. 门锁的分类与特性

市场上所销售的门锁品种繁多，传统锁具一般分为复锁和球形锁两种。复锁的锁体装在门扇的内侧表面，如传统的大门锁。球形锁的锁体一部分装在门板内（图3-1-72）。此外，门锁还可分为：

1）大门锁（金属门的防盗锁）：大门锁最主要的功能是防盗，大门一般都是金属门。锁芯一般为原子材料或电脑芯片的锁芯（图 3-1-73），面板的材质是锌合金或者不锈钢，锁舌有防手撬、防插功能，具有反锁或者多层反锁功能，反锁后从门外面是不能够开启的。

2）大门锁（木门）：一般都具有反锁功能，反锁后外面用钥匙无法开启，面板材质为锌合金（锌合金造型多，外面经电镀后颜色鲜艳，光滑），组合舌的锁舌有斜舌与方舌，高档门锁具有层次转动反锁方舌的功能（图 3-1-74）。

图 3-1-73 电控大门锁

3）房门锁：房门锁的防盗功能并不太强，主要要求装饰、耐用、开启方便、关门声小，具有反锁功能与通道功能，表面处理随意选择，把手有人体力学设计，手感较好，容易开关门（图 3-1-75）。

4）浴室锁与厨房锁：这种锁的特点是在内部锁住，在外面可用螺钉旋具等工具随意拨开。由于洗手间与厨房比较潮湿，门锁的材质一般为陶瓷材料，把手为不锈钢材料。

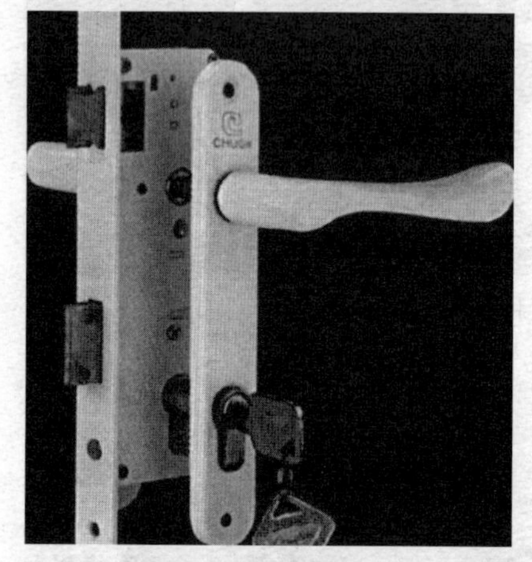

图 3-1-74 大门锁

2. 门锁的应用

门锁的安装要求仔细，防止破坏门体结构，购买门锁应注意以下几点：

1）门锁的锁芯有弹子锁芯、电脑芯片锁芯（图 3-1-76）、磁性锁芯、原子锁芯等，制作的材料多为铜质（质量较好），但是也有不少是用锌合金的（质量较差）。购买门锁要挑选钥匙牙花数多的产品，因为钥匙的牙花数越多，差异性越大，锁的互开率就越低。

图 3-1-75 房门锁

2）门锁式样的选择要根据个人欣赏喜好而定。同时要考虑门板的宽度、厚度，注意要选购和门同样开启方向的锁。

3）观察产品外观质量情况，是否平整、光滑，包括锁头、锁体、锁舌、执手、覆板部件及有关配套件是否齐全，电镀件、喷漆件表面色泽是否鲜艳、均匀，有无起泡、起层露底、生锈、氧化迹象及破损等影响美观的缺陷。

4）观察钥匙是否平整、光洁，其上面的商标应清晰、端正。钥匙插入锁芯孔开启门锁，应畅顺、灵活，无阻轧现象。

图 3-1-76 指纹锁

5）压动一下门锁执手，旋转反锁旋钮，看其开关是否灵活。可将门锁打开保险，看其保险后是否有效，建议每把锁至少试三次以上。此外，查看门锁的锁舌，伸出长度不能过短。

6）正规生产企业的产品外包装文字图案应该清晰，并标注产品名称、型号、商标、生产企业名称及详细地址、生产日期等信息。另外，包装盒中还附有产品合格证及说明书。

（四）铰链

1. 铰链

（1）铰链的定义与特性

普遍用于门扇的轻薄型铰链又称为铰链，房门铰链材料一般为全铜和不锈钢两种。单片铰链的标准为100mm × 30mm和100mm × 40mm，中轴直径在11 ~ 13mm之间，铰链壁厚为2.5 ~ 3mm（图3−1−77、图3−1−78）。

（2）铰链的应用

为了在使用时开启轻松无噪声，应选铰链中轴内含滚珠轴承的产品，安装时也应选用附送的配套螺钉。

2. 铰链

（1）铰链的定义与特性

在家具构造的制作中使用最多的是家具柜门上的烟斗铰链（烟斗合页），它具有开合柜门和扣紧柜门的双重功能。

目前，用于家具门板上的铰链为二段力结构，其特点是关门时门板在45° 以前可以任一角度停顿，45° 后自行关闭，当然也有一些厂家生产出30° 或60° 后就自行关闭的（图3−1−79）。

柜门铰链分为脱卸式和非脱卸式两种，又以柜门关上后遮盖位置的不同分为全遮、半遮、内藏三种，一般以半遮为主（图3−1−80、图3−1−81）。

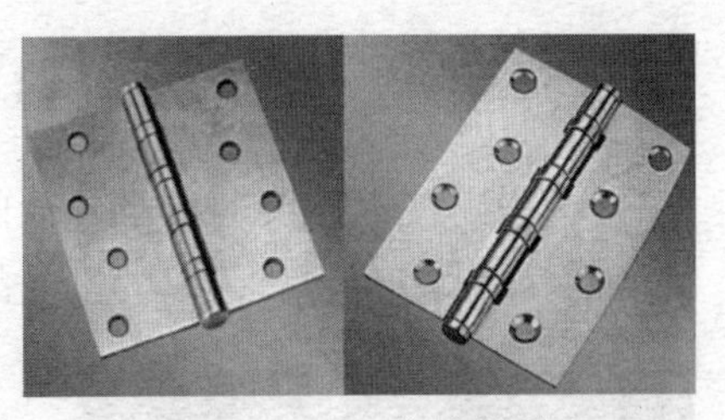

图3−1−77　门扇铰链

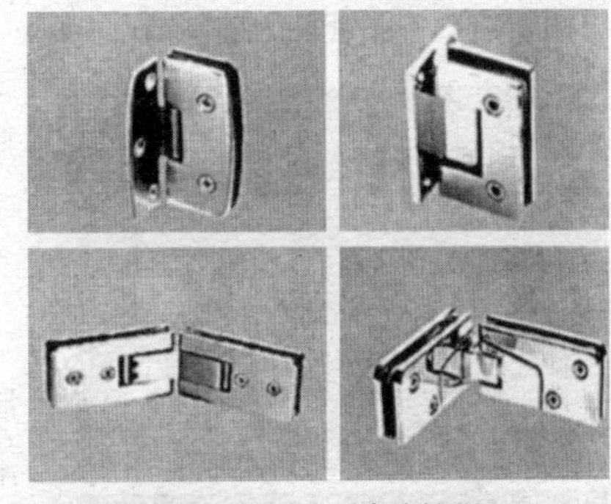

图3−1−78　玻璃铰链

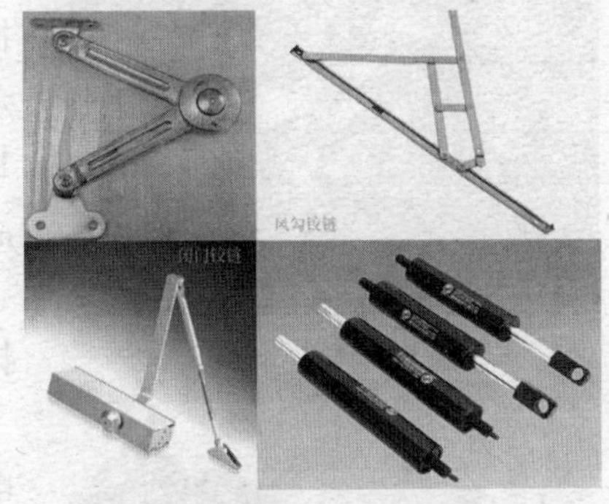

图3−1−79　铰链样式

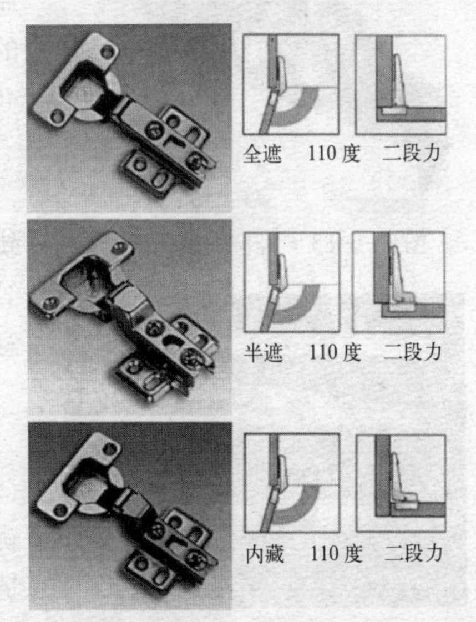

图3−1−80　柜门铰链（一）

图 3-1-81　柜门铰链（二）

图 3-1-82　吊轮

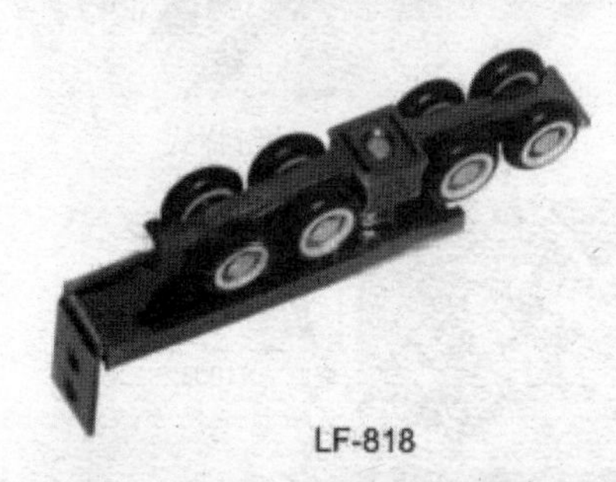

图 3-1-83　推拉门吊轮滑轮

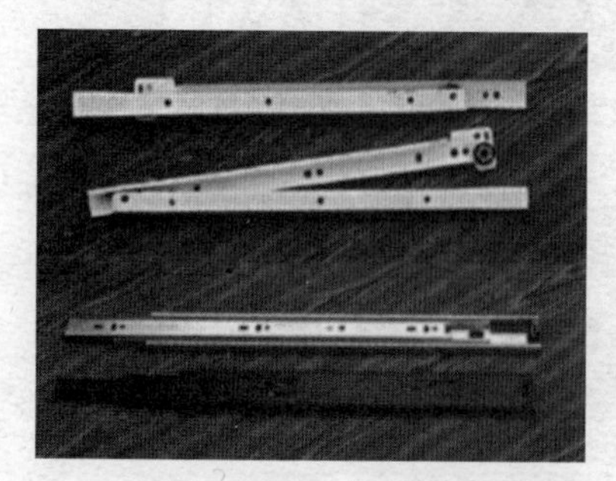

图 3-1-84　抽屉滑轨

（2）铰链的应用

铰链在安装时可以在一定范围内调节柜门的位置，但不能完全依靠铰链来校正尺寸不齐的门板。

挑选铰链除了目测、手摸铰链表面是否平整顺滑外，还要注意铰链弹簧的复位性能，可以将铰链打开 95°，用手将铰链两边用力按压，观察支撑弹簧片是否变形或发生折断，十分坚固的为质量合格的产品。

（五）滑轨

1. 滑轨的定义与特性

滑轨使用优质铝合金、不锈钢或工程塑料制作，按功能一般分为推拉门吊轮滑轨和抽屉滑轨。

推拉门吊轮滑轨由滑轨道和滑轮组安装于推拉门上方边侧。滑轨厚重，滑轮粗大，可以承载各种材质门扇的重量。滑轨长度有 1200、1600、1800、2400、2800、3600mm 等，可以满足不同门扇的需要（图 3-1-82、图 3-1-83）。

抽屉滑轨由动轨和定轨组成，分别安装于抽屉与柜体内侧两处。新型滚珠抽屉导轨分为二节轨、三节轨两种，选择时要求外表油漆和电镀质地光亮，承重轮的间隙和强度决定了抽屉开合的灵活和噪声，应挑选耐磨及转动均匀的承重轮。常用规格一般为（长度）300、350、400、450、500、550mm（图 3-1-84）。

2. 滑轨的应用

门扇和抽屉能否自由顺滑地推拉，全靠滑轨的支撑。从滑轨的材料、原理、结构、工艺等方面来综合判定产品的质量。在选购时要注意以下几点：

（1）选择滑轨的材质

现在市场上销售的轨道材质不一，多为合金质地，也有一部分是铜质地，合金质地的滑轨又分为普通型和加厚型。如果门扇或抽屉重量较轻，可以选用较小巧一些的轨道；如果重量较沉，就要选择加厚型轨道，确保安全耐用。

(2) 注意选择与之配套的滑轮

滑轮是门扇或抽屉中不可忽视的配件，滑轮的外轮和轴承的质量决定了滑轮的质量。外轮多为尼龙纤维或全铜质地，铜质滑轮较结实，但拉动时有声音；尼龙纤维质地的滑轮拉动时没有声音，但不如铜质滑轮耐磨。高档品牌的滑轮上还装有防跳装置和磁铁，使用更安全（图 3-1-85）。

图 3-1-85 橱柜滑轨

(六) 开关插座面板

1. 开关插座面板的定义与特性

目前在室内装饰领域使用的开关插座面板主要是采用防弹胶等合成树脂材料制成的，防弹胶又称聚碳酸酯，这种材料硬度高，强度高，表面相对不会泛黄，耐高温。此外还有电玉粉，氨基塑苯斗等材料，都具备耐高温、阻燃性好、表面不泛黄、硬度高等特点（图 3-1-86）。

图 3-1-86 开关面板

开关插座面板的类型很多，从外观形态上可分为 75、88、118、120、148 型等。

中高档开关插座面板的防火性能、防潮性能、防撞击性能等都较好，表面光滑，面板要求无气泡、无划痕、无污迹。开关拨动的手感轻巧而不紧涩，插座的插孔须装有保护门，里面的铜片是开关最关键的部分，具有相当的重量。

2. 开关插座面板的应用与选购

现代室内装饰装修所选用的一般是暗盒开关插座面板，线路部埋藏在墙体内侧，开关的款式、档次应该与室内的整体风格相吻合。白色的开关是主流(图 3-1-87),大部分室内装修的整体色调是浅色，很少选用黑色、棕色等深色的开关。

图 3-1-87 白色开关面板

(1) 开关插座面板的选购

1）看外观：开关的款式、颜色应该与室内整体风格相吻合。表面光滑，无气泡、无划痕、无污迹、品牌标志明显。好的开关的内、外边框都是防弹胶，其防火性能、防潮性能、防撞击性能较高，具有阻燃性。

2）看手感：开关拨动的手感轻巧而不紧涩，开启时手感灵活。插头插拔时需要一定的力度，插座稳固，铜片要有一定的厚度。

3）看结构：开关功能件的翘板一端有个银白色的触点，开关就是靠它接通、关断电流的，好的开关触点均采用银合金制造，目的是提升它的熔点，防止电流过大时融化银。插座一定要选择安全型（带保险挡片）的产品，避免发生意外。

4）看重量：购买开关时还应掂量一下单个开关的重量，因为开关里部的铜片是最关键的部分，如果是合金材料或者较薄的铜片，重量很轻，不具备安全品质。

5）看荧光条：好的荧光条用的是树脂材料，略带暗色或者灰色。较差开关面板的荧光条一般都是偏绿的荧光粉，荧光粉对人体有害。

6）看标识、认证：要注意开关、插座底座上的标识以及额定电流电压。开关、插座是中国质量认证中心规定的强制性认证产品，选购时请确认产品上的3C标志和执行国家标准号，这些代码是唯一的。

7）看需要：若是专门为厨卫安装的开关插座，则需在面板上安装防溅水盒或塑料挡板，这样能有效防止油污、水汽侵入而造成的短路，延长使用寿命；若是专门用于大型客厅的吊灯开关，可以选择无线遥控开关（图3-1-88）；若是专门用于商场、展厅的中央，可以选择嵌入式地面插座（图3-1-89），方便使用。

图3-1-88　遥控开关面板

图3-1-89　地面插座面板

8）看服务：尽可能到正规厂家指定的专卖店或销售点去购买。知名品牌会向消费者进行有效承诺，如“保证12年使用寿命”、“可连续开关10000次”等。

（2）开关插座的正确安装

插座安装时，明装插座距地面应不小于1.8m，暗装插座距地面不低于0.3m，暗装开关要求距地面1.2～1.4m，距门框水平距离150～200mm。

为了防止儿童触电，一定要选用带有保险挡片的安全插座。电冰箱应使用独立的、带有保护接地的三眼插座，严禁自制接地线接于煤气管道上，以免发生严重的火灾事故。为保证家人的绝对安全，抽油烟机的插座也要使用三眼插座，接地孔的保护绝不可掉以轻心。卫生间常用来淋浴，易潮湿，不宜安装普通型插座，应选用防水型开关，确保人身安全。

任务四　其他辅助材料的识别与选购

一、任务描述

装修工程中一类重要的辅助材料是胶凝材料，本篇任务四的任务成果是完成对胶凝材料的识别与选购。

二、任务分析

（一）任务工作量分析

拟定提料计划单即材料品牌及价格明细表（表3–4）。

其他辅助材料（主材）品牌及价格明细表　　表3–4

序号	项目名称	材料名称	单位	规格型号	品牌产地	等级	单价
1	胶凝材料	硅酸盐水泥水泥	袋	32.5	油菜		19.00
		乳白胶	桶		光明		25.00
		强力万能胶	桶				65.00
		玻璃胶（酸性）	瓶		枫叶红		16.00

（二）任务重点难点分析

依据施工现场的施工进度提出的提料计划单（表3–4），到材料市场去选购。难点是如何能识别胶凝材料质量的优劣，重点是选购符合装饰要求的胶凝材料等。

三、识别装饰材料的相关知识

（一）胶凝材料

胶凝材料用于粘接装饰材料之间的衔接部位。人类使用胶凝材料已有数千年的历史，从最原始的天然动、植物胶液，到今天的高分子合成粘接剂，不断变更发展，目前已经成为装饰材料及构造中一种不可缺少的材料。

胶凝材料的胶接方式与传统的钉接、焊接、铆接相比，具有很多优点，如接头分布均匀，适合各种材料，操作灵活，使用简单；当然也存在一些问题，如胶接强度不均，对使用温度和寿命有限定等。

胶凝材料主要包括粘接物质、固化剂、增塑剂、稀释剂、填料五大组成部分。目前在装饰装修工程中使用较多的胶凝材料为水泥、白乳胶、强力万能胶、801胶水、硬质PVC塑料管胶粘剂、粉末壁纸胶、瓷砖胶粘剂、塑料地板胶粘剂、硅酮玻璃胶等。

（二）水泥

1. 水泥的定义与特性

水泥是加水拌合后形成的塑性浆体，可以胶结砂、石等材料，既能在空气中硬化又能在水中硬化的粉末状水硬性胶凝材料。在装饰装修中，墙地砖、石材的粘贴及砌筑都要用到水泥砂浆，它不仅可以增强面材与基层的吸附能力，而且还可以作为建筑毛面的找平层，是必不可少的装饰材料（图 3-1-90）。

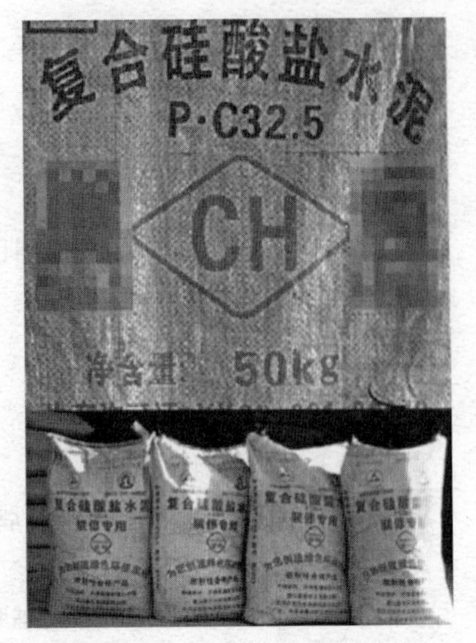

图 3-1-90　32.5 硅酸盐水泥

水泥按用途及性能可以分为通用水泥、专用水泥和特性水泥三类，按其主要水硬性物质名称可以分为硅酸盐水泥、铝酸盐水泥、硫铝酸盐水泥、铁铝酸盐水泥、氟铝酸盐水泥等，其中以硅酸盐水泥使用最多。

普通硅酸盐水泥质量为 $1300kg/m^3$ 水泥的颗粒越细，硬化得也就越快，早期强度也就越高。常用硅酸盐水泥强度等级有 22.5、27.5、32.5、42.5、52.5、62.5 等多种，抗拉强度因品种不同，等级也不同。普通硅酸盐水还可以加入各种添加剂改变水泥的特性。

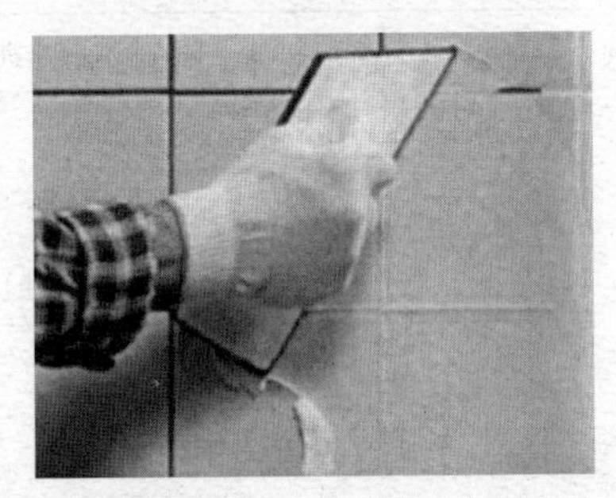
图 3-1-91　用白水泥勾缝

普通水泥为黑灰色，而用于装饰建筑物表层的彩色水泥需要订制加工。彩色硅酸盐水泥以白色硅酸盐水泥熟料和优质石膏粉为主，掺入颜料、外加剂共同磨细而成（图 3-1-91）。常用的彩色掺加颜料有：氧化铁（红、黄、褐、黑）、二氧化锰（褐、黑）、氧化铬（绿）、钴蓝（蓝）、群青蓝（靛蓝）、孔雀蓝（海蓝）、炭黑（黑）等。彩色水泥与普通硅酸盐水泥特性相似，施工及养护方法相同，但比较容易污染，器械工具必须干净。

2. 水泥的应用

在装饰装修中，一般选用 32.5 或 42.5 强度等级水泥，与细砂粒配为水泥砂浆，它们之间的配置比例以体积来计算，选用不同比例的水泥砂浆，直接影响到粘接强度和经济成本。

水泥占整个砂浆的比例越大，并不代表其粘接性就越强，例如，在粘贴瓷砖时，水泥大量吸收水分，瓷砖的水分被过分吸收就容易干裂，从而缩短使用寿命。此外砂子应选中砂，中砂的颗粒程度均匀。太细的砂子吸附能力不强，不能产生较大摩擦而粘牢瓷砖。

（三）乳白胶

1. 乳白胶的定义与特点

乳白胶又称为聚醋酸乙烯乳液，是一种乳化高分子聚合物，共聚体简称 EVA，它是由醋酸与乙烯合成醋酸乙烯，添加钛白粉或滑石粉等粉料，再经过乳液聚合而成的乳白色稠厚液体。白乳胶无毒无味、无腐蚀、无污染，是一种水性黏合剂。

乳白胶具有常温固化快、成膜性好、粘接强度大、抗冲击、耐老化等特点。其粘接层具有较好的韧性和耐久性。固体含量为50±2%，pH值为4～6。但是白乳胶的黏度不稳定，尤其在冬季低温条件下，常因黏度增高而导致胶凝，需加热之后才能使用，不仅给冬期施工带来许多不便，而且还影响黏合质量。故一般要求贮存条件在10℃以上。

2. 乳白胶的应用

乳白胶在装饰装修工程中使用方便、操作简单。一般用于木制品的粘接和墙面腻子的调和，也可用于粘接墙纸或皮革，用作水泥增强剂、防水涂料及木材粘接剂等。

消费者在选用乳白胶产品时，最好选择大型建材超市销售的名牌产品；要看清包装及标识说明；注意胶体应该均匀，无分层，无沉淀，开启容器时无刺激性气味。

（四）强力万能胶

1. 强力万能胶的定义与特点

强力万能胶属于独立使用的特效胶水，使用面广，因此称为万能胶。目前在装饰装修领域使用较多的强力万能胶采用聚氯丁二烯合成，是一种不含三苯（苯、甲苯和二甲苯）的高质量活性树脂及有机溶剂为主要成分的胶粘剂。

聚氯丁二烯强力万能胶为浅黄色液态，含固量高，黏合力强，黏合速度快，黏性保持期长；抗潮湿抗油污，抗紫外线，耐热耐老化，在高温110℃以下灼热不易发泡开裂，在零下20℃不易凝固老化。

2. 强力万能胶的应用

聚氯丁二烯强力万能胶适用于防火板、铝塑板、PVC板、胶合板、纤维板、地板、石棉板、墙纸、家具、瓷砖、有机玻璃片、玻璃、金属等多种材料的粘接，尤其常用于防火板、铝塑板、不锈钢板与木芯板之间的粘接。

施工时确保待粘接表面洁净干爽、无污染，工作空间通风良好，保持基层平整度，每2m长度的不平度应控制在5mm以内，粘接被粘物时需用力压合，所施压力越大越均匀，等待15分钟使胶体的溶剂挥发（接触粘接面不粘手）。

（五）硬质PVC塑料管胶粘剂

1. 硬质PVC塑料管胶粘剂的定义与特点

硬质PVC塑料管胶粘剂种类很多，如816粘胶剂、901粘胶剂等其他各种进口产品，这类胶粘剂主要由氯乙烯树脂、干性油、改性醇酸树脂、增韧剂、稳定剂组成，经研磨后加有机溶剂配制而成，具有较好的粘接能力和防霉、防潮性能，适用粘接各种硬质塑料管材、板材，具有粘接强度高，耐湿热性、抗冻性、耐介质性好，干燥速度快，施工方便，价格便宜等特点，主要用于硬质PVC管的连接，也可用于硬质PVC板及其他硬质PVC制品粘接。

PVC管、管件经过−15℃ 24h冷冻后再经室温30℃ 24h，反复20个循环，黏结处应不渗漏、不开裂。加热至50℃后放入20℃水温中反复20个循环，黏结处也不渗漏，不开裂。

2. 硬质 PVC 塑料管胶粘剂的应用

硬质 PVC 塑料管胶粘剂主要用于穿线管和排水管接头的粘接，施工时要使用砂纸将管道接触表面打毛，末端削边或倒角。胶接后在 1 分钟内固定，24 小时后方可使用。胶粘剂容器应该放置阴暗通风处，必须与所有易燃原料保持距离，置于儿童拿不到的地方。

（六）粉末壁纸胶

1. 粉末壁纸胶的定义与特点

粉末壁纸胶主要分为甲基纤维素型和淀粉型两类，取代传统的液态胶水，其特点是粘接力好，无毒无害，使用方便，干燥速度快。

2. 粉末壁纸胶的应用

粉末壁纸胶主要适用于水泥、抹灰、石膏板、木板墙等墙顶面粘贴塑料壁纸。调配胶浆时需要塑料筒和搅拌棍，根据胶粉包装盒上的使用说明加入适量清水，边搅动边将胶粉逐渐加入水中，直至胶液呈均匀状态为止。

原则上是壁纸越重，胶液的加水量越小，但要根据胶粉包装盒上厂家说明书进行调配，务必采用干净的凉水，不可用温水或热水，否则胶液将结块而无法搅匀。同时也要注意，在搅拌好的胶浆中加入胶粉会结块而无法再搅拌均匀。胶液不宜太稀，而且上胶量不宜太厚，否则胶液容易从接缝处溢出而影响粘贴质量。

（七）瓷砖胶粘剂

1. 瓷砖胶粘剂的定义与特点

瓷砖胶粘剂是近年来出现的新型胶凝材料，可以取代传统的水泥而粘贴陶瓷墙地砖，主要分为 TAM 通用型、十 AS 高强耐水型和 TAG 勾缝剂。其中 TAM 通用型瓷砖胶粘剂是一种环保型聚合物水泥砂浆，它是以优质石英砂、水泥为骨料，选用进口聚合物胶结料，配以多种添加剂，经机械混合后制成的粉状高强胶粘材料，直接加水搅拌即可使用。

2. 瓷砖胶粘剂的应用

使用瓷砖胶粘剂粘贴瓷砖或石材，墙面基层砂浆、混凝土应该结实、干净，无油脂、脱膜剂等其他松散物。施工前应该将墙面的灰尘、泥土及其他疏松表层清除干净。然后按比例将所需清水倒入搅拌桶中，边加料边搅拌，搅拌均匀。一次搅拌不要过多，搅拌好的胶粘剂应在 2 小时内用完。最后用齿形抹子将搅拌好的瓷砖胶粘剂抹于墙面上，将瓷砖粘贴在胶粘剂表面，揉压平实。瓷砖之间应留有 1.5mm 以上的缝隙，1 ~ 2d 后用彩色瓷砖填缝剂填实。瓷砖胶粘剂用量一般为 4 ~ 8kg/m^2。

（八）塑料地板胶粘胶

1. 塑料地板胶粘胶的定义与特点

塑料地板胶粘剂专用于塑料地板卷材和块材的地面粘贴，这类胶粘剂品种很多，主要成分和特性也不同。

2. 塑料地板胶粘胶的应用

施工时地面基层必须平整、坚固、干燥、清洁。需要对基层进行真空洗尘处理，然后使用界面剂和自流平对基层进行处理。根据基层类型和施工现场实际状况选用合适的自流平水泥进行找平。

（九）硅酮玻璃胶

1. 硅酮玻璃胶的定义与特点

硅酮玻璃胶是以硅橡胶为原料，加入各种特性添加剂制成，呈黏稠软膏状液体。从包装上可分为单组分和双组分，单组分的硅酮胶是靠接触空气中的水分而产生物理性质的改变；双组分则是指硅酮胶分成 A、B 两组，当蘸组胶浆混合后才能产生固化。目前单组分的硅酮胶又可以分为酸性玻璃胶和中性玻璃胶。

质量好的硅酮玻璃胶在 0℃以下使用不会凝固，充分固化的硅酮玻璃胶在 204℃的高温情况下使用仍能保持持续有效，硅酮玻璃胶有黑色、瓷白、透明、银灰等多种色彩（图 3-1-92）。

2. 硅酮玻璃胶的应用

硅酮玻璃胶主要用于干净的金属、玻璃、不含油脂的木材、硅酮树脂、加硫硅橡胶、陶瓷、天然及合成纤维、油漆塑料等材料表面的粘接，也可以用于木线背面哑口处、厨卫洁具与墙面的缝隙处等（图 3-1-93）。

不同地方要用不同性能的玻璃胶。中性玻璃胶粘接力比较弱，不会腐蚀物体，而酸性玻璃胶一般用在木线背面的哑口处，粘接力很强。

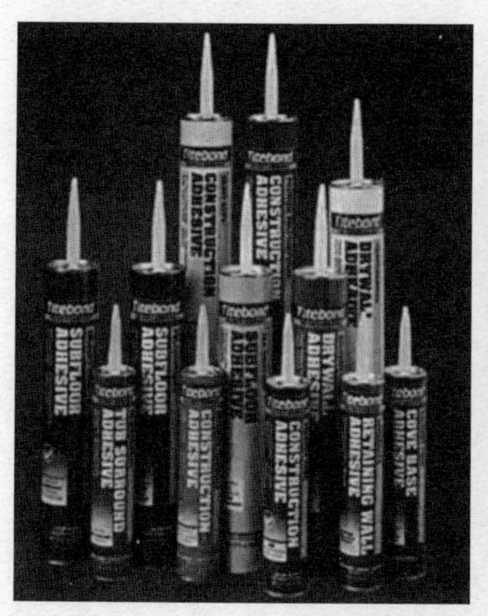

图 3-1-92　彩色硅酮玻璃胶

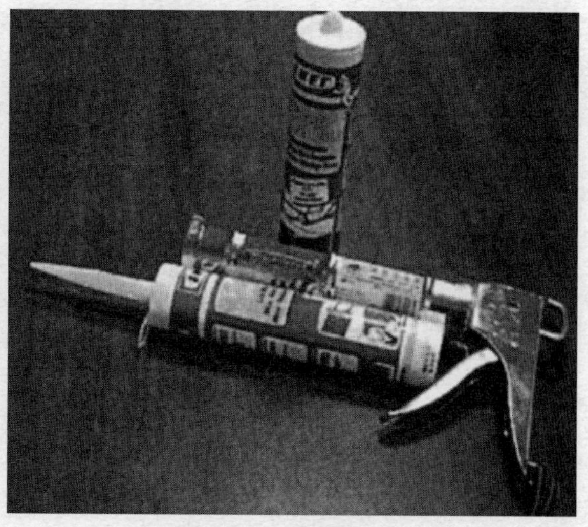

图 3-1-93　玻璃胶枪

主要参考文献

[1] 汤留泉，李梦玲．现代装饰材料．北京：中国建材工业出版社，2008
[2] 安素琴．建筑装饰材料．北京：高等教育出版社，2006
[3] 葛勇．建筑装饰材料．北京：中国建材工业出版社，1998
[4] 张倩．室内装饰材料与构造．重庆：西南师范大学出版社，2006